Melinda Coss

Duft & Schaum

Seifen selbstgemacht

Aus dem Englischen von Vera Bauer
Fotos von Emma Peios

Verlag Eugen Ulmer

Für meine Seifenkocher-KollegInnen:
Ich wünsche Ihnen viele schöne Seifenblasen.

Die Deutsche Bibliothek - CIP-Einheitsaufnahme

Duft und Schaum: Seifen selbstgemacht / Melinda Coss. Aus dem Engl. übersetzt von Vera Bauer,
Fotos von Emma Peios. - Stuttgart (Hohenheim): Ulmer, 1999.
Einheitsacht.: The handmade soap book <dt.>
ISBN 3-8001-7813-3

Die Originalausgabe erschien 1998
unter dem Titel »The handmade soapbook«

Erstausgabe 1998 von New Holland (Publishers) Ltd
London - Kapstadt - Sydney - Singapur

24 Nutford Place
London W1H 6DQ, Großbritannien

80 McKenzie Street
Kapstadt 8001, Südafrika

3/2 Aquatic Drive
Frenchs Forest, NSW 2086, Australien

ISBN 1 85368 807 X HB
Herausgeberin: Jane Struthers
Design und graphische Gestaltung: Blackjacks
Fotos: Emma Peios
Verantwortliche Redakteurin: Coral Walker

Vervielfältigung: Modern Age Repro House Ltd, Hong Kong
Druck und Bindung: Tien Wah Press (Pte) Ltd, Singapur

Deutsche Ausgabe:
© 1999 Eugen Ulmer GmbH & Co.
Wollgrasweg 41, 70599 Stuttgart (Hohenheim)
Lektorat: Dr. Angelika Eckhard, Birgit Schüller
Satz: Rund ums Buch, Rudi Kern, Kirchheim/Teck

Dank

Die Autorin dankt folgenden Personen und Einrichtungen für ihre wertvollen Beiträge zu diesem Buch: Yvonne McFarlane für Zuversicht und Hoffnung, Coral Walker für die stilistische Durchsicht des Materials, Jane Struthers für kreative Diskussionen, Emma Peios für ihre großartigen Fotos, Jack Buchan für ein schönes Buchdesign, Elaine White für ihre Verseifungstabelle, Elaya Tsosie für ihre Informationen zum Thema Haarpflege, dem House of Crafts für die Lieferung von Seifenformen und Glycerinseife, Verdant für Farbstoffe, Formen und Glycerinseife, Lush für ihr Bananen-Kokos-Honig-Schaumbad-Rezept und all meinen Freunden und Nachbarn für ihre Bereitschaft zum Testen der Seifen.

Anmerkung des Verlages

Der Inhalt dieses Buches wurde sorgfältig recherchiert, die vorgestellten Methoden nebst Darstellungen, Informationen, Ratschlägen und Rezepten wurden nach bestem Wissen zusammengestellt und sorgfältig ins Deutsche übertragen. Dennoch können Autor und Verlag keine Verantwortung übernehmen für Verletzungen, Schäden oder Verluste, die während oder infolge der Umsetzung der Handlungsanweisungen aus diesem Buch entstehen. Arbeiten mit Chemikalien müssen mit äußerster Vorsicht ausgeführt werden. Es ist wichtig, die vom Hersteller gegebenen Sicherheitshinweise sowie gesetzlichen Bestimmungen bei der Arbeit mit ihnen und zur Entsorgung zu beachten. Chemikalien sind immer außerhalb der Reichweite von Kindern aufzubewahren. Die Seifen dürfen nicht für Handelszwecke hergestellt werden.

Inhalt

Einleit

»Aus Dir wird noch eine Hexe!«, sagte meine Nachbarin Judy, als ich an einem mondhellen Abend in einem Kessel voll herrlich duftender Seife rührte. Nur schwer versteht der Uneingeweihte jenes Vergnügen, das man empfindet, wenn sich ein Topf mit Öl in eine köstliche, cremige Substanz verwandelt. Doch mit dieser Erfahrung stehe ich keineswegs allein da: Seifenkocher auf der ganzen Welt werden Ihnen bestätigen, daß dieses Hobby hochgradig süchtig macht.

Alle Rezepte in diesem Buch stammen (sofern ich nicht ausdrücklich anderes sage) aus meiner eigenen Hexenküche. Dennoch sind mir meine HobbykollegInnen, die ich im Internet kennengelernt habe, eine unerschöpfliche Quelle der Inspiration. Der tägliche Informationsaustausch ist so freundschaftlich und hilfreich, daß Sie dieses Buch als eine Art Gruppenwerk betrachten sollten.

Wenn Sie die Zutaten meiner Rezepte sehen, brauche ich Sie wohl kaum noch von der Qualität selbst gekochter Seifen überzeugen. Auch die Gründe, warum Seife gekocht wird, werden offensichtlich. Was könnte schließlich besser sein als eine Seife zu kreieren, die genau zu Ihrem Hauttyp paßt und zugleich Ihren Lieblingsduft und die bevorzugte Konsistenz besitzt.

Dieses Buch erklärt die einzelnen Arbeitsschritte und liefert Grundlagen für eigene Ideen und Experimente. Mit den Rezepten erhalten Sie jeweils 900 g Seife, doch Sie können die Mengen auch halbieren oder verdoppeln. Verändern Sie jedoch nicht die Zutaten, ohne das Kapitel über Öle (siehe S. 14 bis 16) gelesen zu haben. Nehmen Sie sich auch die Zeit zum Lesen der »Zehn praktischen Tips« auf Seite 13, bevor Sie Ihre erste Seife kochen.

Ich hoffe, daß Sie Freude an meinen Seifenrezepten haben und dabei auch inspiriert werden, Ihr eigenes »Hexengebräu« zu kreieren. Seifenkochen ist eine der seltenen Gelegenheiten, nach Herzenslust »herumzumanschen« – genießen Sie die Arbeit.

Viel Spaß wünscht Ihnen
Melinda Coss

ung

Die Geschichte des Seifenkochens

Jeder Vertriebsleiter wird Ihnen sagen, daß Sie, wenn Sie ein neues Produkt verkaufen wollen, die Käufer davon überzeugen müssen, daß

- es ihre persönliche Anziehungskraft erhöht.
- es ihr Leben verlängert.
- sie ohne das Produkt von der Gesellschaft abgelehnt werden.

Und so entdeckte irgend ein biblischer Schlaukopf eine Marktlücke und proklamierte: »Sauberkeit kommt direkt nach Gottesfurcht« – und schickte damit weltweit die Menschen auf die Suche nach geeigneten Mitteln, um sich zu reinigen (siehe Jeremias 2/22 und Malachias 3/2) und auf diese Weise ihr Schicksal zu verbessern.

In jener Zeit wurde die reinigende Wirkung von Baumrinde und Kräutern, wie dem Seifenkraut, genutzt. Erst im 8. Jahrhundert entstand in Italien und Spanien das, was wir heute Seife nennen, eine Mischung aus Ziegenfett und Buchenasche.

Die Franzosen entwickelten dann eine Methode, bei der das Tierfett – der Talg – durch Olivenöl ersetzt wurde. Bei den Pionieren der Neuen Welt gehörte das Seifenkochen traditionellerweise zur alltäglichen Hausarbeit. Die dafür nötige Natronlauge (Natriumhydroxid/Ätznatron) erhielten sie, indem sie Regenwasser durch ein durchlöchertes, mit Holzasche gefülltes Faß tropfen ließen. Die daraus entstandene Lösung wurde solange gekocht, bis sie so konzentriert war, daß ein frisches Ei (mit Schale) an der Oberfläche schwamm ohne unterzugehen. Das Fett wurde von jedem gerade greifbaren Tier genommen. Es entstand eine Seife nach Großmutters Art, obgleich rauhe Haut und durchlöcherte Socken nicht selten unerwünschte Nebenerscheinungen dieser relativ ätzenden Gebräue waren.

In England entwickelte sich die Seifenindustrie im frühen 17. Jahrhundert sehr rasch, und König James I (ein Mann, der Kleinbetriebe besonders förderte) garantierte den Seifenherstellern besondere Privilegien. Um 1791 lagen die Franzosen wieder vorn – mit einem von dem Chemiker Nicolas Leblanc entdeckten Verfahren, Soda aus gewöhnlichem Salz zu gewinnen. Mittlerweile hatte sich auch Louis Pasteurs Erkenntnis durchgesetzt, daß die persönliche Hygiene die Ausbreitung von Krankheiten vermindert – die »Hygienebewegung« war geboren.

Der Engländer Andrew Pears gehörte zu den Ersten, die Seife auch als kosmetisches Mittel entdeckten. Der Sohn eines Bauern aus dem Cornwall wurde Friseur, eröffnete einen eigenen Salon im Londoner Viertel Soho und verkaufte zusätzlich Rouge und andere Kosmetikartikel aus eigener Herstellung. Bald begann er, die damaligen scharfen Grundseifen zu verfeinern und kreierte schließlich eine durchsichtige Seife, die mit »den Blumen eines englischen Gartens« parfümiert war. 1835 stieg sein Enkel, Francis Pears, mit in das Geschäft ein und wurde schließlich sein Partner. Diese Beziehung hielt bis 1838, als Andrew sich zur Ruhe setzte.

Einige Jahre später kam Francis' Schwiegersohn, Thomas J. Barratt, als weiterer Geschäftspartner hinzu. Er brachte den nötigen Spürsinn und Marketing-Kenntnisse mit ein, um Pears' Seife auf dem Weltmarkt zu verkaufen.

In jener Zeit war Werbung ein revolutionär neues Konzept, und Barratts kreative Ideen stießen auf heftigen Widerstand. Doch davon unbeirrt startete er einen gigantischen Werbefeldzug, durch den die Öffentlichkeit erfuhr, daß Pears' Seife zuverlässig und gesund sei und, vor allem, den Benutzer schön machte. Seine Marketingprojekte waren kühn und kostspielig, trugen aber zweifellos sehr stark zum Erfolg der Firma bei.

Barratts Entdeckung des Gemäldes »Seifenblasen« von John Everett Millais als Werbeposter war nur eine von vielen genialen Ideen, die in Großbritannien noch heute die direkte Assoziation mit Pears' Seife wecken.

Für diejenigen, die unter der Herrschaft der nur selten freundlich gestimmten und äußerst prüden Königin Victoria geboren waren, war die Idee, sich nackt zu baden etwas extrem Dekadentes (erst in der zweiten Hälfte des 20. Jahrhunderts wurde die Vorstellung eines täglichen Bades nicht mehr als schädlich und sündhaft betrachtet). Dennoch begann der Unternehmer W. H. Lever während der victorianischen Herrschaftszeit mit der Massenproduktion und Vermarktung von Seife. Als Basis errichtete er eine große Fabrik – und eine ganz neue Stadt – am nordenglischen Fluß Mersey. Die Stadt, die er Port Sunlight (»Sonnenlicht«) nannte, wurde eigens zur Unterbringung und zum Wohle seiner Angestellten erbaut.

Im späten 20. Jahrhundert erwachte das Interesse an der Natur der Dinge und an pflanzlichen Mitteln. Viele Menschen begannen sich für die Erhaltung der Umwelt und den reduzierten Einsatz von Giften und Chemikalien einzusetzen. Der große Erfolg einiger Firmen, wie beispielsweise den aus England stammenden »Body-Shops«, zeigt das breite Interesse an Naturkosmetik. Die klaren Prinzipien ihrer Gründerin Anita Roddick haben zudem bewiesen, daß auch eine Frau aus einem kleinen Betrieb ein Großunternehmen aufbauen kann.

Das Grundprinzip der Body-Shops erwies sich auch für einen weiteren britischen Unternehmer, Mark Constantine, als äußerst erfolgreich. Dieser eröffnete unter dem Namen »Lush« (»üppig«) eine schnell wachsende Kette kleiner »Seifen-Delikateßläden«. 1974 begann er mit der Entwicklung pflanzlicher Haarpflege- und Kosmetikprodukte. Im Ergebnis entstand eine kreative Partnerschaft mit Anita Roddick, bei der er Produkte für die Body-Shops kreierte und weiterentwickelte. Fünfzehn Jahre lang war Mark Constantine der Hauptzulieferer, bis er 1994 seinen ersten eigenen Laden in Poole eröffnete, in dem er Seifen und Badeartikel verkaufte, die überwiegend aus frischen Früchten und Gemüsen, ätherischen Ölen und »unbedenklichen« synthetischen Stoffen hergestellt wurden. Er ist Miteigentümer des Unternehmens und betrachtet seinen Erfolg als das Ergebnis guter Teamarbeit. Lush-Produkte haben phantasievolle Namen, wie »Angel of Bareskin« (Engel der nackten Haut) und »Dream Cream« (Traumcreme). In den Läden gibt es außerdem ein »Frischekabinett« mit einer Auswahl an Putz- und Scheuermitteln sowie Gesichtsmasken – darunter auch eine Reinigungsmaske für Männer, hergestellt aus selbstgebackenem Brot. Auf Seite 69 finden Sie ein exklusives Lush-Schaumbad-Rezept.

Eine Renaissance des Seifenkochens als Heimindustrie finden wir besonders in den USA. Auch in England melden immer mehr Privatleute, meist Frauen, ein Gewerbe an. Oft verkaufen sie ihre Produkte direkt als Kunsthandwerk in großen Mengen an Spezialgeschäfte. Viele von ihnen sind erstaunlich geschickt und kreativ, sowohl im Umgang mit feinen Zutaten als auch in bezug auf Dekoration und Präsentation ihrer Seifen. Diese Kleinunternehmen haben sogar viele der großen Seifenhersteller dazu veranlaßt, die Verpackung ihrer Produkte in ganz ähnlicher Weise umzugestalten. Dabei werden einige dieser »Naturseifen« nach demselben Herstellungsverfahren und mit den gleichen Zutaten produziert, wie jene massenweise angebotenen, polierten Seifen im gewöhnlichen Supermarkt. Achten Sie also genau darauf, was sie kaufen.

Grundlagen des Seifenkochens

Das Produkt, das wir als Seife kennen, ist die Mischung aus einer Säure und einer ätzenden Lauge. Bei den meisten Herstellungsverfahren besteht die Säurephase aus pflanzlichen oder tierischen Fetten und Ölen und die Laugenphase aus Natronlauge (Natriumhydroxid/Ätznatron). Wird die Lauge mit Wasser verdünnt und dann die Säure hinzugefügt, erfolgt eine chemische Reaktion, die »Verseifung« genannt wird. Nach der Verseifung wird die Lauge allmählich neutralisiert und sollte, nachdem die Seife einige Wochen lang reifte, nicht mehr nachweisbar sein. Seife wird demnach zwar mit Natronlauge hergestellt, enthält diesen aggressiven Stoff aber nicht.

Wann die Verseifung abgeschlossen ist, läßt sich leicht erkennen. Die Zeitdauer dieses Vorganges ist allerdings von vielen verschiedenen Faktoren abhängig, wie etwa von der Temperatur des Gemisches und der Fette, die Sie verwenden (siehe »Basisfette und -öle«, S. 14 bis 16). Während des Verseifungsvorganges dickt die Seifenmischung nach und nach an. Schöpfen Sie dabei immer wieder mit einem Löffel etwas Seife ab, und lassen Sie diese in den Topf zurücktropfen. Bleiben die Tropfen auf der Oberfläche der Seifenmasse sitzen und bilden dort eine erhobene Tropfspur, ist die Verseifung abgeschlossen. Dies kann zwar schon nach fünf Minuten erreicht sein, doch wundern Sie sich auch nicht, wenn es mehrere Stunden dauert. Sofern Sie keinen gravierenden Fehler beim Abmessen der Zutaten gemacht haben, wird die Masse auf jeden Fall andicken.

In dieser Tropfphase werden die Farbstoffe, Parfüme und Füllmittel untergerührt. Anschließend wird die Seife in Formen gegossen, mit einer Decke oder einem Handtuch abgedeckt und zum Trocknen stehengelassen.

Maße und Gewichte

Das Gelingen Ihrer Seife hängt vor allem von einem entscheidenden Faktor ab: den richtigen Anteilen der verschiedenen Zutaten. Möchten Sie noch weitere Zutaten hinzufügen oder das Rezept verändern, finden Sie in der Verseifungstabelle auf Seite 17 einige Anleitungen, wie Sie dies tun können. Die meisten Rezepte in diesem Buch sind für 900 g Seife bemessen; je nach Größe der ausgewählten Form erhalten Sie damit etwa 10 bis 14 Seifenstücke.

Bitte beachten Sie, daß, mit Ausnahme von löffel- oder tropfenweise beigegebenen Zutaten, alle in den Rezepten aufgeführten Mengen (also auch Flüssigkeiten) als Gewichte angegeben sind. Zum Wiegen der Zutaten stellen Sie zunächst den leeren Behälter auf die Waage und die Skala auf Null. Fügen Sie erst dann die Zutaten hinzu, bis das gewünschte Gewicht erreicht ist.

Arbeitstechniken

Es gibt mehrere Methoden, um das Andicken der Seifenmasse zu beschleunigen. So geht die Verseifung schneller, wenn Sie die Masse mit einem rostfreien Stahlschneebesen oder einem elektrischen Handmixer schlagen. Wollen Sie jedoch ein solches Gerät benutzen, achten Sie darauf, daß die kleinste Geschwindigkeitsstufe eingestellt ist, bevor Sie den Mixer in den Seifentopf tauchen. Diese Warnung stammt von einer Seifenkocherin, die einmal mit ihrem auf Stufe drei gestellten Mixer das gesamte Zimmer (und sich selbst) mit der ätzenden Seifenmischung tapezierte.

Sie können die Reaktion auch beschleunigen, indem Sie die Seife in den warmen Herd (ebenfalls auf niedrigster Stufe) stellen. Ich finde jedoch, daß die altmodische »Sehen-und-Rühren-Methode« besser ist, da Sie auf diese Weise das Andicken der Masse verfolgen können und nicht plötzlich die ausgehärtete Seife im Topf vorfinden.

Trocknen

Auch dieser Prozeß ist von einigen Faktoren, wie Zutaten, Raumtemperatur u.ä., abhängig. Im allgemeinen sollte Ihre Seife jedoch etwa 24 bis 48 Stunden nach dem Eingießen in die Form hart genug sein, um sie herauszuholen. Auf pflanzlichen Ölen basierende Seifen trocknen langsamer als solche, die mit tierischem Fett hergestellt wurden. Wichtig ist es, die Seife aus der Form zu holen, sobald sie etwa die Konsistenz von Schnittkäse hat. In diesem Zustand lassen sich auch die Seifenstücke leicht zuschneiden.

Reifen

Legen Sie die fertigen Seifenstücke für den weiteren Reifungsprozeß in einen gut durchlüfteten Raum, und decken Sie diese mit Decken oder Tüchern ab. Während dieses Vorganges, bei dem die restliche Natronlauge neutralisiert wird, kann sich das Aussehen Ihrer Seife verändern. Oft bildet sich auf der Seifenoberfläche ein feiner weißer Staub oder sogar eine Kruste. Hierbei handelt es sich um Sodaasche, die abgekratzt oder sogar abgewaschen werden kann, sobald der Reifeprozeß beendet ist. Manchmal ist es auch hilfreich, die Seife sofort nach dem Eingießen in die Form in Frischhaltefolie einzuwickeln.

Außerdem schrumpft die Seife während des Reifens etwas zusammen. Aus diesem Grund ist es ratsam, Bänder zum Aufhängen oder Schleifen erst dann zu befestigen, wenn die Seife ihre endgültige Form erreicht hat. Auch die Farbe verblaßt manchmal etwas – wenden Sie die Seife am besten von Zeit zu Zeit, so daß während des Vorganges alle Seiten dem Licht gleich stark ausgesetzt werden.

In diesem Buch verwenden wir das sogenannte Kaltverfahren. Dies garantiert, daß das Glycerin, ein wertvolles Nebenprodukt des Verseifungsprozesses, in der fertigen Seife erhalten bleibt. Bei der kommerziellen Seifenherstellung wird es dagegen oft extrahiert und separat verkauft.

Säuregehalt

Sicher kennen Sie den Begriff »pH-Wert«, der den Säuregehalt bestimmt. Die meisten im Kaltverfahren hergestellten Seifen haben einen pH-Wert von etwa 9, obgleich Seifenkocher diesen Wert meist auf 7 oder 8 (also neutral bis leicht alkalisch) herabsetzen wollen. Der pH-Wert Ihrer Seife verringert sich während des Reifungsprozesses, allerdings ist dies ohne den Einsatz starker Chemikalien extrem schwer zu steuern – und diese Chemikalien sind noch schädlicher für Ihre Haut als eine Seife mit hohem pH-Wert.

Mit den Zutaten der folgenden Rezepte erhalten Sie durchweg sanfte Seifen. Sind Sie dennoch besorgt, können Sie den pH-Wert Ihrer Seife mit einem Teststreifen ermitteln, den Sie in Zoogeschäften oder im chemischen Fachbedarfshandel kaufen können. Seife mit einem pH-Wert von 10 brauchen Sie keineswegs wegzuwerfen – nehmen Sie die Seife für die Handwäsche oder schmelzen Sie sie wieder ein (siehe S. 18)

1 TEASPOON
1/2 TEASPOON 2,5cc
1/4 TEASPOON 1,25cc

Material & Ausrüstung

Ein Vorteil des Seifenkochens besteht darin, daß fast die gesamte notwendige Ausrüstung in jeder Küche zu finden ist. Nach dem Gebrauch sollten die benutzten Utensilien gründlich mit Essig und einem Spülmittel gereinigt werden. Um jedes Risiko zu vermeiden, sollten Sie jedoch die mit Natronlauge in Berührung gekommenen Gegenstände trotzdem nicht mehr zur Nahrungszubereitung verwenden. Durchstöbern Sie Ihre Küche nach folgenden Gegenständen:

Alte Decken oder Handtücher: zum Abdecken der fertigen Seife.

Diverse Plastikbehälter: dienen als Seifenformen (siehe S. 12).

Festes Pflanzenfett: zum Einfetten der Formen.

Grosser Kochtopf: Am besten eignet sich ein großer Suppentopf aus rostfreiem Stahl oder ein unbeschädigter Emailletopf. Töpfe aus Eisen oder Aluminium sind ungeeignet, da sie von der Natronlauge angegriffen werden.

Gummihandschuhe: Sie sind ein wichtiger Schutz vor den ätzenden Zutaten der Seife. Überprüfen Sie die Handschuhe regelmäßig nach Löchern.

Kartoffelschäler: Alternativ tut es auch ein Käsehobel. Beides ist beim letzten Schliff der Seifenstücke nützlich.

Käsereibe: Eine Küchenmaschine erfüllt denselben Zweck. Eines von beiden ist beim Wiedereinschmelzen von Seifenstücken unerläßlich (siehe S. 18).

Kelle aus rostfreiem Stahl: Beim Herstellen größerer Seifenmengen ist es manchmal einfacher, die Masse mit einer Kelle in die Form zu schöpfen, anstatt zu gießen.

Küchenwaage: Eine ganz normale Küchenwaage reicht aus (sofern sie genau mißt). Wollen Sie jedoch eine neue Waage kaufen, so achten Sie darauf, daß Sie bei Bedarf manuell auf Null gestellt werden kann. Eine Briefwaage eignet sich ideal zum Auswiegen der Natronlaugeplätzchen.

Messbecher: Einen Meßbecher aus Kunststoff oder feuerfestem Glas brauchen Sie zum Abmessen des Wassers und zum Auflösen der Natronlaugeplätzchen.

Messlöffel: Mit verschieden großen Meßlöffeln können Sie die Farbstoffe abmessen.

Natronlauge (Natriumhydroxid/Ätznatron): Diese können Sie in Form von Natronlaugeplätzchen in Drogerien, Apotheken oder im chemischen Rohstoffhandel kaufen. Achten Sie darauf, daß es sich um hundertprozentiges Natriumhydroxid handelt. Lagern Sie die Plätzchen in einem luftdichten Behälter, und gehen Sie äußerst sorgsam damit um. Sobald sie feucht werden, bilden sich harte Klumpen. Allerdings sind sie auch in diesen Zustand noch verwendbar.

Pipette: nützlich zum Zugeben verdünnter Farbstoffe.

Plastikspatel: Sie benötigen zwei – zum Umrühren der Seifenmasse und Natronlauge sowie zum Auskratzen des Seifentopfes.

Scharfes Messer: zum Schneiden der Seifenstücke.

Schutzbrille: Tragen Sie eine große Brille oder eine Schutzbrille aus Kunststoff. Letztere können Sie in jedem Baumarkt kaufen.

Schwämme oder Spüllappen: zum Entfernen verschütteter Seife. Achtung, frische Seife ist ätzend – spülen Sie daher den Schwamm oder das Tuch nach dem Gebrauch gründlich mit Wasser aus.

Zuckerthermometer: Sie benötigen zwei Thermometer, deren Meßbereich zwischen 38 und mindestens 93 °C liegt. Kaufen Sie Glas-, keine Aluminiumthermometer.

Formen & Größen

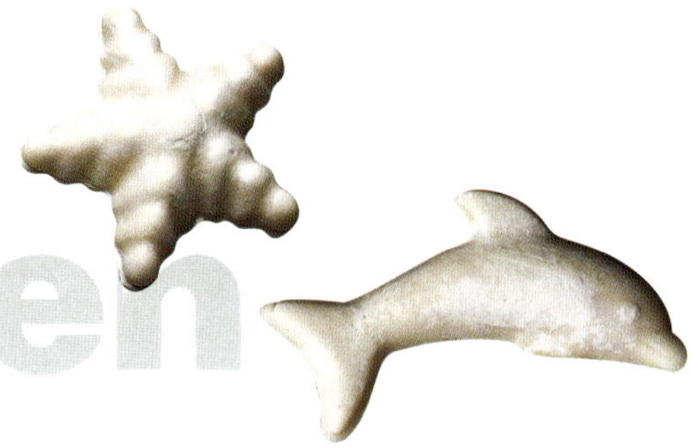

Zu den wahrhaft »süchtigen« Seifenkochern gehören Sie spätestens dann, wenn Ihnen beim Einkauf die Verpackung wichtiger ist als der Inhalt. Sie kaufen Fleisch, Obst und Milchprodukte nun nicht mehr aufgrund von Qualität, sondern weil sie in hübschen Plastikverpackungen stecken. Ihr Kühlschrank wird sich auf diese Weise schnell mit nett verpackten Schokocremes und diversen Joghurtsorten füllen. Dekorative Eis- und Butterformen gehören bald zum festen Inventar Ihres Seifenschrankes.

Auch ein Besuch im Baumarkt erhält eine ganz neue Bedeutung. PVC-Rohre, Kunststoffrinnen und ein Stück rechteckige Plastikeinfassung für elektrische Kabel – all dies sind wunderbare Seifenformen, ebenso wie hohles Gummispielzeug,

Schubladeneinsätze, Kunststoff-Vorratsdosen, Mikrowellenschalen und selbst Pappstiegen für Katzenfutterdosen. Es gilt die Regel: Alles, was aus biegsamem Plastik, durchsichtigem Polystyrol (ohne Löcher im Boden), Pappe oder Holz ist und mit Mülleimerbeuteln ausgelegt werden kann, ist eine perfekte Seifenform.

Oder bevorzugen Sie vielleicht einen etwas professionelleren Ansatz? Einige Firmen bieten spezielle Seifenformen in allen möglichen hübschen Designs an. Beispiele hierfür sind die Engelsformen auf Seite 56 und die obigen Strandmotive. Sie können aber auch Kerzenformen aus Plastik oder Modellierformen aus Latex verwenden. Für kompliziertere Formen sollten Sie jedoch besser harte Seifen oder Glycerinseifen verwenden, um zu vermeiden, daß die feinen Details beim Herauslösen aus der Form abbrechen.

Sie können Ihre Seife aber auch dekorativ formen, indem Sie diese in eine sehr flache Schachtel gießen und dann aus dieser Seifenplatte mit Plätzchenformen Blumen, Quadrate, Sterne oder Herzchen ausstechen. Oder Sie schneiden größere Blöcke in Sechsecke, Ovale, Würfel und was immer Ihnen gefällt.

Hier einige Tips für die Auswahl und Verwendung von Formen, mit denen Sie perfekte Ergebnisse erzielen.

1 Legen Sie Pappschachteln möglichst faltenfrei mit Mülleimerbeuteln aus, da jede Falte auch auf der Seife zu sehen ist.

2 Schneiden Sie PVC-Rohre in 30 cm lange Stücke, und verschließen Sie jeweils ein Ende mit einem runden Stück Plastik oder Pappe, das Sie mit Tesafilm gut befestigen. Stellen Sie das Rohr in einen Eimer oder Topf, bevor Sie

die Seife einfüllen – für den Fall, daß das Tesaband doch nicht richtig hält. Nach dem Trocknen entfernen Sie den Deckel und legen das Rohr für einige Stunden in den Gefrierschrank. Holen Sie es dann wieder heraus, und lassen Sie die Oberfläche etwas kondensieren. Schneiden Sie nun aus Plastik oder dicker Pappe eine Scheibe aus, diesmal etwas kleiner als der Durchmesser des Rohres. Legen Sie die Scheibe an einem Ende auf die Seife, und drücken Sie diese mit einem Stock durch das andere Ende. (Dies gelingt oft zu zweit besser.) Alternativ können Sie auch das Rohr längs aufschlitzen und den Spalt mit kräftigem Klebeband verschließen. Entfernen Sie das Klebeband nach dem Trocknen der Seife, und öffnen Sie den Spalt, bevor Sie die Seife, wie oben beschrieben, durch das Rohr schieben.

3 Verwenden Sie keine Aluminiumkochtöpfe, da diese korrodieren und sich das Aluminium auf der Seife absetzt.

4 Fetten Sie Plastik- und Gummiformen vor dem Gebrauch stets mit Pflanzenfett ein.

5 Manchmal läßt sich die Seife nur schwer aus einer starren Plastikform herausholen. Stellen Sie diese deshalb mehrere Stunden lang in den Gefrierschrank. Nach dem Herausholen warten Sie, bis die Oberfläche zu kondensieren beginnt – nun müßte sich die Seife ganz leicht aus der Form lösen.

6 Mit speziell im Handel erhältlichen Seifenformen erhalten Sie meist relativ kleine, flache Seifenstücke. Sie können die einzelnen Stücke aber auch zu dickeren, größeren Stücken zusammenkleben. Dabei ist frische, nasse Seife ein idealer Klebstoff.

Schneiden der Seife

Nach dem Trocknen läßt sich die Seife wie Käse schneiden, am besten mit einem schmalen Küchenmesser oder einem Käsemesser.

Wenn Sie die Seife in einem flachen Kasten geformt haben, ritzen Sie die Schnittlinien besser vor dem Schneiden in die Oberfläche.

Ich verwende manchmal eine leere Zigarettenschachtel als Schablone, da dies die ideale Größe für ein Seifenstück ist. Schneiden Sie gerade und senkrecht, und glätten Sie unebene Stellen mit einem Küchenmesser, Kartoffelschäler oder Käsehobel.

Zehn praktische Tips

Viele sind besorgt über die Gefahren beim Umgang mit der ätzenden Natronlauge. Tatsächlich müssen Sie unbedingt einige grundlegende Vorsichtsmaßnahmen beachten. Doch alles, was Sie brauchen, ist ein wenig gesunder Menschenverstand, den Sie ja bereits mit dem Kauf dieses Buches bewiesen haben. Beherzigen Sie einfach die folgenden zehn Tips, und nichts wird passieren.

1 Lagern Sie die Natronlaugeplätzchen in einem luftdichten Behälter weit oben im Regal. Beschriften Sie den Behälter, und stellen Sie ihn unbedingt außer Reichweite von Kindern, vorwitzigen Hunden oder neugierigen Katzen.

2 Tragen Sie beim Arbeiten mit Natronlauge und beim Mischen von Lauge und Fett unbedingt eine Schutzbrille oder eine große Brille.

3 Tragen Sie beim Arbeiten mit Natronlauge, beim Herstellen der Seifenmischungen und beim Herauslösen der frischen Seife aus der Form grundsätzlich Gummihandschuhe.

4 Reiben Sie sich nicht die Augen, nachdem Sie die Natronlaugeplätzchen mit den Gummihandschuhen berührt haben – das wäre ziemlich dumm, und fragen Sie mich nicht, woher ich das weiß...

5 Beim Anrühren der Natronlauge bilden sich beißende Dämpfe. Halten Sie beim Rühren das Gesicht möglichst weit von diesen Dämpfen weg, oder binden Sie sich zum Schutz einen Schal vor die Nase. Keine Angst, dies dauert nur wenige Augenblicke. Trotzdem empfiehlt es sich, stets in einem gut belüfteten Raum zu arbeiten.

6 Lassen Sie Natronlauge und Seifenmischung niemals offen und unbeaufsichtigt stehen, auch nicht, um »nur mal schnell« zur Toilette zu gehen. Solche Situationen können leicht zu Unfällen mit Kindern oder Haustieren führen.

7 Vermeiden Sie unbedingt, daß Seifenmasse mit Nahrungsmitteln, wie Kuchenteig oder Suppe, verwechselt werden kann.

8 So verlockend das auch sein mag – benutzen Sie die Seife nicht vor Ablauf der Vier-Wochen-Frist. Können Sie sich gar nicht mehr beherrschen, waschen Sie sich die Hände damit, aber tragen Sie dabei Gummihandschuhe! So können Sie den Schaum genießen.

9 Stellen Sie vor dem Seifenkochen stets eine Flasche Essig an das Waschbecken. So können Sie Spritzer sofort mit Essig entfernen und anschließend mit Wasser abspülen. Spritzer in den Augen erfordern ärztliche Hilfe. Als Erste-Hilfe-Maßnahme spülen Sie das Auge gründlich mit kaltem Wasser aus.

10 Beim Reinigen des Seifentopfes lassen Sie die Reste zunächst hart werdenund kratzen diese dann in eine Plastiktüte. Die Tüte wandert fest verschlossen in den Müll. Geben Sie Essig in das Spülwasser, und spülen Sie damit alle Utensilien gründlich. Tragen Sie dabei Gummihandschuhe!

Basisfette & -öle

Seife kann buchstäblich aus jeder erdenklichen Kombination von Ölen oder Fetten hergestellt werden. Die richtige Wahl hängt von den gewünschten Eigenschaften der fertigen Seife ab. Einige Öle bewirken große Seifenblasen, andere machen die Seife besonders cremig. Manche Kompositionen sind günstig für fettige Haut, andere eher für trockene oder normale Haut. Außerdem beeinflußt die Fettphase die Eindickdauer sowie die Konsistenz der Seife.

Glauben Sie nicht, daß Sie ein bestimmtes Fett oder Öl, das Sie nicht im Schrank finden, einfach durch ein anderes ersetzen können! Die Menge an Natronlauge, die erforderlich ist, um ein bestimmtes Fett oder Öl zu verseifen, ist ganz unterschiedlich. Verwenden Sie die falsche Menge, erhalten Sie zumeist eine extrem rauhe oder sehr weiche Seife. Wollen Sie jedoch ein bestimmtes Öl durch ein anderes ersetzen, finden Sie auf Seite 16 eine einfache Formel, mit der Sie dies erfolgreich tun können. Die nachfolgende Liste beschreibt die Eigenschaften der wichtigsten Fette und Öle.

Die wichtigsten Öle und Fette

KOKOSÖL: Für Seifenkocher die Nummer Eins unter den Ölen, auch wenn es, als einziges Öl verwendet, die Haut etwas austrocknet. Sie können es beispielsweise in asiatischen Spezialitätenläden kaufen. Kokosöl ergibt eine harte Seife mit großen, cremigen Seifenblasen.

MANDELÖL: Dieses wunderbare Öl wird bei Kosmetika sehr häufig verwendet. Mit Mandelöl erhalten Sie eine relativ harte Seife, welche die Haut herrlich weich macht. Ich verwende es sowohl als Basisöl wie auch zum Überfetten (siehe S. 16). Mandelöl ist reich an Proteinen und wirkt wohltuend bei juckender, entzündeter Haut.

OLIVENÖL: Jede Qualitätsstufe dieses an Vitaminen, Mineralien und Proteinen reichen Öls eignet sich hervorragend zum Seifenkochen. Zudem ist Olivenöl ideal zur Herstellung eines Kräuteraufgusses (siehe S. 20 bis 21) geeignet. Olivenölseife ist mild und cremig, schäumt mit kleinen Seifenblasen und wirkt beruhigend. Probieren Sie es auch für Shampoos und Babyseifen.

PALMÖL: Dieses milde Öl ist zwar nicht ganz leicht zu finden, doch es lohnt sich, danach zu suchen. Mit Palmöl erhalten Sie eine cremige, feinschaumige Seife mit guter Waschwirkung. In vielen kommerziellen Seifen ist Palmöl als Basisöl enthalten, doch seine beste Wirkung erzielt es in Kombination mit Kokos- oder Olivenöl. Die Seifenmischung dickt schnell zu einer harten, langlebigen Seife an.

PFLANZENÖL/PFLANZENFETT: Die meisten vom Handel angebotenen Markenöle und -fette enthalten eine Kombination aus Rapsöl, Sojaöl und manchmal auch Sonnenblumenöl. Dies kann selbst innerhalb einer Marke leicht variieren, je nachdem, welches gerade günstig ist. Solche Mischprodukte führen oft zu relativ weichen Seifenstücken. In Kombination mit anderen Ölen und Fetten liefern sie eine preisgünstige Fettphase mit zufriedenstellenden Ergebnissen. Pflanzenfette sind für diejenigen, die kein tierisches Fett verwenden wollen, eine gute Alternative zu Rindertalg.

RINDERFETT/TALG: Talg kann nur in wenigen Supermärkten käuflich erworben werden. Meist muß er direkt beim Metzger bezogen werden, und dies, so finde ich persönlich, beeinträchtigt schon etwas das sinnliche Vergnügen des Seifenkochens. Doch abgesehen davon erhalten Sie mit Rinderfett eine herrlich feste, milde Seife, die relativ schnell andickt. Talgseife ist rein weiß und läßt sich daher gut färben. Sie schäumt mit kleinen Seifenblasen, ist aber sehr ergiebig.

RIZINUSÖL: Dieses Öl wird aus dem Samen des gleichnamigen Strauches gewonnen und ist in der Apotheke erhältlich. Außer in Glycerinseife wird es nur selten in großen Mengen verwendet. Rizinusöl besitzt hervorragende rückfettende Eigenschaften und eignet sich ideal zum Überfetten (siehe S. 16).

SCHWEINESCHMALZ: Eine leicht erhältliche, preisgünstige Grundzutat zum Seifenkochen. Es ergibt eine weiße Seife, die mit großen Seifenblasen schäumt.

SONNENBLUMENÖL: Dieses gesunde, aus Sonnenblumenkernen gepreßte Öl ist überall erhältlich, billig und reich an Vitaminen und Mineralien. Am besten verwenden Sie es kombiniert mit Kokosöl oder Rindertalg, da es sonst eine relativ weiche Seife ergibt, die nur langsam andickt. Sonnenblumenseife ist gut für jeden Hauttyp und schäumt mit mittelgroßen Seifenblasen.

Kostbare Zusätze

Die folgenden Zutaten verleihen Ihrer Seife die endgültige Konsistenz und hautpflegende Eigenschaften. Einige sind nicht ganz billig, doch häufig bewirken schon kleinste Mengen Erstaunliches (z.B. bereits 1 Eßlöffel = 15 g pro 454 g Seife). Mit diesen Zutaten können Sie, nachdem Ihnen bereits mehrere Grundseifen gelungen sind, und Sie von dem sinnlichen Vergnügen überzeugt sind, das nur eine handgemachte Seife bereiten kann, beliebig experimentieren.

Beachten Sie in dieser Liste auch die Konservierungsstoffe. Diese brauchen Sie immer dann, wenn Sie mit leicht verderblichen Zutaten arbeiten, beispielsweise mit frischen Früchten. Sofern nicht anders beschrieben, sollten Sie all diese Kostbarkeiten erst nach dem Andicken beigeben, so daß die Natronlauge ihre Eigenschaften nicht beeinträchtigen kann. Die meisten Zusätze werden im Kapitel »Füllstoffe« aufgeführt (siehe S. 24 bis 25).

ALOE-VERA-GEL: Dieser Extrakt aus dem Blatt einer kaktusähnlichen Lilie ist ein Heilmittel gegen trockene, strapazierte Haut, Ekzeme und Verbrennungen.

APRIKOSENKERNÖL: Dieses Öl macht die Haut geschmeidig und enthält viele Vitamine und Mineralien. Ideal gegen frühe Hautalterung und für empfindliche Haut.

AVOCADOÖL: Dieses Öl enthält Vitamine, Proteine und Lezithin und ist damit wohltuend bei trockener Haut oder Ekzemen.

BENZOEHARZ: Dieses Harz ist entweder als Pulver oder als Tinktur erhältlich. Obgleich es allein fürchterlich riecht, ist es ein gutes Duftfixiermittel.

BIENENWACHS: Weißes Bienenwachs wird in vielen Kosmetikartikeln als Emulgator verwendet. Die goldgelbe Variante verleiht Ihrer Seife dagegen einen honigartigen Duft und eine wachsartige Konsistenz. Bienenwachs beschleunigt das Andicken der Seifenmasse. Lassen Sie es zusammen mit den Basisölen verseifen. Als Dosierung empfiehlt es sich, etwa 28 g pro 454 g Seife zu verwenden.

GLYCERIN: Die klare, sirupartige Flüssigkeit ist in der Apotheke erhältlich. Auch wenn Ihre Seife bereits Glycerin enthält, können Sie nach dem Andicken noch eine Extradosis hinzufügen, um die rückfettenden Eigenschaften zu verbessern.

HAGEBUTTENSAMENÖL: Dieses natürliche Konservierungsmittel ist reich an essentiellen Fettsäuren. Es lindert Entzündungen und wirkt rückfettend. Ein guter Zusatz in Shampooseifen für empfindliches Haar.

HONIG: Honig hat eine wunderbar beruhigende Wirkung. Verwenden Sie ihn am besten in Kombination mit Bienenwachs, da er allein verwendet die Seife sehr weich macht.

JOJOBAÖL: Dieses Öl ist ideal in Shampooseife. Es wirkt zugleich rückfettend und wasserabweisend. Jojobaöl wird in der Kosmetikherstellung sehr häufig verwendet. Es ist ein teurer Seifenzusatz, der aber durchaus sein Geld wert ist.

Sowohl Vaseline als auch Mineralöl (Babyöl) sind Erzeugnisse der Erdölindustrie. Deshalb verzichtet mancher Seifenkocher lieber auf ihre Verwendung.

Tip

KAKAOBUTTER: Sie sieht aus und schmeckt wie weiße Schokolade und fördert die Festigkeit Ihrer Seife. Zudem macht Sie die Haut weich und wirkt beruhigend. Kakaobutter wird in der Kosmetikherstellung häufig verwendet.

KAROTTENWURZELÖL: Ein an Vitamin A und C reiches Antioxidans. Besonders geeignet für trockene und spröde Haut.

KUKUINUSSÖL: Dieses aus Hawaii stammende Öl ist reich an essentiellen Fettsäuren und wirkt besonders beruhigend bei sonnenverbrannter und beanspruchter Haut.

MILCH: Wenn Sie frische Ziegenmilch statt Wasser verwenden, erhalten Sie eine beruhigende, cremige Seife. Kuhmilchpulver kann nach dem Andicken zugegeben werden.

NACHTKERZENÖL: Wirkt gut gegen Ekzeme und beugt vorzeitiger Hautalterung vor.

SCHIBUTTER (SHEABUTTER): Diese rückfettende und nahrhafte Butter verseift nicht vollständig und bleibt damit zum Teil unverändert in der Seife enthalten. So kann sie ihre beruhigende Wirkung für empfindliche Haut gut entfalten.

SENFPULVER: Ein wenig Senfpulver als Seifenzusatz öffnet verstopfte Poren.

TRAUBENKERNÖL: Wertvolles Antioxidans, das antibakteriell und desodorierend wirkt. Ein Teelöffel (5 g) auf 908 g Öl (vor Zugabe der Natronlauge) beschleunigt das Andicken erheblich.

VITAMIN-E-ÖL: Dieses Antioxidans verzögert den Zerfall frischer Seifenzutaten. Zudem wirkt es gegen Faltenbildung.

WEIZENKEIMÖL: Ein besonders sanftes Öl mit beruhigender und antioxidierender Wirkung. Idealer Zusatz für Gesichtsseifen.

WOLLFETT/LANOLIN: Achtung, manche Menschen reagieren allergisch gegen dieses aus der Schafwolle stammende Wachs. Alle übrigen erhalten mit Lanolin eine wunderbar weiche Haut.

Verseifungstabelle

Jedes Öl braucht eine bestimmte Menge an Natronlauge, um zu verseifen. Dieser Teil des Seifenkochens erfordert absolute Präzision, denn wenn auch nur geringste Mengen Natronlauge in der Seife zurückbleiben, kann es zu Hautreizungen und Verbrennungen kommen. Überschüssiges Fett hingegen bewirkt, daß die Seife weich und feucht bleibt und dann schnell ranzig wird.

Überfetten

Eine Ausnahme von der oben geforderten Präzisionsregel ist das sogenannte Überfetten, das heißt die zusätzliche Zugabe von bis zu 5 % der gesamten Öl- und Fettmenge. Dazu werden gewöhnlich nur besonders wertvolle Öle, wie etwa Avocado-, Aprikosen- oder Weizenkeimöl, verwendet. Werden diese Öle nach dem Andicken hinzugegeben, verseifen sie nicht vollständig, und ihre therapeutische Wirkung bleibt daher, relativ unbeeinträchtigt von der ätzenden Natronlauge, erhalten.

Anhand der folgenden Tabelle können Sie die für die Verseifung Ihrer Basisöle und -fette erforderliche Menge an Natronlauge exakt berechnen. Sie stammt von Elaine White, der amerikanischen »Seifenkönigin«, und ich bin ihr überaus dankbar, daß sie mir gestattet, diese Tabelle zu veröffentlichen.

Die Berechnung der jeweils notwendigen Menge an Natronlauge ist gar nicht so schwierig. Sie müssen lediglich die Gramm-Menge Ihres gewünschten Öls (z.B. 50 g Olivenöl) mit der entsprechenden Zahl in der Tabelle (Olivenöl 0,134) multiplizieren und erhalten die zur Verseifung erforderliche Menge an Natronlaugeplätzchen in Gramm.

Beispiel:
50 g Olivenöl · 0,134 = 6,7 g Natronlaugeplätzchen.

Statt dieser mathematischen Berechnung können Sie auch ein von Theresa Lott entwickeltes Computerprogramm benutzen. Theresa Lott bietet dieses Programm kostenlos für interessierte Seifenkocher an (siehe S. 79).

Verseifungstabelle

0,135	Aprikosenkernöl, *Prunus-armeniaca*-Öl
0,133	Avocadoöl, *Persea-americana*-Öl
0,175	Babassuöl
0,138	Baumwollsaatöl
0,069	Bienenwachs
0,136	Borretschöl, *Borago-officinalis*-Öl
0,069	Carnaubawachs
0,132	Dorschleberöl
0,136	Erdnußöl
0,136	Färberdistelöl
0,136	Gänsefett
0,137	Hanföl
0,136	Haselnußöl, *Corylus-avellana*-Öl
0,136	Heringsöl, Fischöl
0,139	Hirschfett, Hirschtalg
0,138	Hühnerfett
0,069	Jojobaöl
0,137	Kakaobutter
0,137	Kakaobutter, *Theobroma*-Öl
0,137	Kapoköl
0,190	Kokosöl, *Cocos-nucifera*-Öl
0,135	Kukuiöl
0,135	Kürbiskernöl
0,074	Lanolin, Wollfett
0,136	Leinsamenöl
0,139	Macadamianußöl, *Macadamia-integrifolia*-Öl
0,136	Maisöl
0,136	Mandelöl, Süßmandelöl, *Prunus-amygdalus*-Öl
0,136	Margarine
0,138	Mohnsamenöl
0,069	Myrtelwachs, Myrtelfett
0,136	Nachtkerzenöl, *Oenothera-biennis*-Öl
0,140	Nerzöl
0,134	Olivenöl
0,156	Palmkernfett
0,141	Palmöl
0,136	Pflanzenöl, Pflanzenfett
0,135	Pistazienöl
0,124	Rapsöl
0,128	Reisöl
0,141	Rinderklauenöl
0,140	Rindertalg, Rinderfett
0,128	Rizinusöl
0,135	Sardinenöl
0,138	Schafsfett, Hammelfett
0,138	Schweinefett, Schweineschmalz
0,123	Senföl
0,133	Sesamöl
0,128	Sheabutter, Schibutter
0,135	Sojaöl
0,134	Sonnenblumenöl, *Helianthus-annuus*-Öl
0,123 bis 0,135	Traubenkernöl, *Vitis-vinifera*-Öl (sehr variabel)
0,137	Tungöl, Holzöl
0,136	Walnußöl, *Juglans-regia*-Öl
0,102	Walratersatz
0,132	Weizenkeimöl, *Triticum-vulgare*-Öl
0,074	Wollfett
0,139	Ziegenfett, Ziegentalg

Seifen einschmelzen und recyceln

Seife, bei der etwas schiefgelaufen ist oder mit der Sie nicht zufrieden sind, müssen Sie keineswegs wegwerfen. Sie können sie problemlos wiederverwerten oder »recyceln«. Auch Seifenreste lassen sich auf diese Weise wieder zu neuer Seife verarbeiten.

Seife wieder einschmelzen

Teilweise oder ganz ausgereifte Seife können Sie wunderbar als Basis für eine neue Seife verwenden, indem Sie sie wieder einschmelzen. Dies bietet mehrere große Vorteile. Zum einen reduziert es erheblich die Gefahr, daß die Natronlauge die Wirkung der Farb- und Parfümstoffe beeinträchtigt. Zum anderen können Sie auf diese Weise Schnittabfälle und mißlungene Seifenstücke wiederverwerten. In wieder eingeschmolzener Seife werden die Farben leuchtender und der Duft hält länger. Auch frische Kräuter und Blütenblätter lassen sich nun problemlos beimischen, ohne daß sie sich verfärben. Wieder eingeschmolzene Seife kann zudem in phantasievollere Formen gegossen werden, da Sie sich nicht auf Plastik, Glas oder rostfreien Stahl beschränken müssen.

Die Technik ist eigentlich ganz einfach, obgleich manche Seifenkocher es schwierig finden, eine cremige, gießbare Seifenmasse zu erhalten, die nicht aussieht wie klumpiges Kartoffelpürree. Dennoch, die folgende Methode hat bei mir immer fabelhaft funktioniert, und ich bin zuversichtlich, daß auch Sie damit gute Ergebnisse erzielen.

1 Stellen Sie ihre Grundseife ganz normal her, und lassen Sie diese trocknen. Viele Seifenkocher sind der Meinung, daß das Wiedereinschmelzen von Seifen, die Tierfett enthalten, besser funktioniert als von rein pflanzlichen Seifen. Wenn Sie dennoch letztere bevorzugen, lassen Sie die Seife zuvor mindestens drei Wochen reifen.

2 Raspeln Sie dann die Seife mit einer Käsereibe, einem elektrischen Mixer oder einem altmodischen Fleischwolf in möglichst feine Späne.

3 Wiegen Sie die Grundseife ab. Halten Sie pro 454 g Seife 340 g warmes, destilliertes oder entmineralisiertes Wasser bereit.

4 Erhitzen Sie die Seifenspäne in drei Viertel des Wassers bei mittlerer Hitze im Wasserbad – das heißt in einem Simmertopf oder einer Schüssel, die Sie in einen bis zur Hälfte mit Wasser gefüllten Topf stellen. Rühren Sie solange, bis die Seife richtig naß ist, und geben Sie dann das restliche Wasser hinzu.

5 Decken Sie den Topf mit einem Deckel oder einer Folie ab, und lassen Sie die Seife leicht köcheln. Der Schmelzvorgang kann bis zu einer Stunde dauern. Rühren Sie die Seife dabei gelegentlich um, bis sie sich vollständig aufgelöst hat.

6 Sobald die Seife eine glatte, cremige Konsistenz erlangt hat, wird sie von der Kochplatte genommen. Rühren Sie nun Ihre Farb- und Parfümstoffe und/oder Füllstoffe hinein, bis diese sich gleichmäßig verteilt haben. Beim Zusatz von Parfümölen kann sich die Konsistenz der Seifenmasse verändern. Wird sie dünnflüssiger, rühren Sie weiter, bis sie glatt und cremig ist. Verdickt sich die Masse, so geben Sie unter schnellem Rühren weiteres Wasser hinzu.

7 Rühren Sie, bis die Seife abgekühlt ist. Gießen Sie diese dann in vorgefettete Formen, und lassen Sie sie wie gewohnt trocknen.

Seifenrecycling

Beim Recycling von Seifenresten gehen Sie zunächst wie beim Einschmelzen vor. Die Reste können ganz verschieden gefärbt und beschaffen sein, so daß das Ergebnis niemals eine rein weiße Seife oder ein flaches, cremiges Seifenstück sein wird. Recyclingseife eignet sich gut als Kräuter- oder Hafermehlseife. Eine besonders schöne, kräftige Seife erhalten Sie, wenn Sie das Wasser durch Ziegenmilch oder halb Wasser halb Ziegenmilch ersetzen. Sie können auch mit Schichten experimentieren – schmelzen Sie immer nur kleine Seifenmengen ein, und fügen Sie bei jedem Durchgang einen anderen Farbstoff hinzu.

Tip

Versuchen Sie einmal, eine »Schwimmseife« herzustellen! Schlagen Sie die Mischung dazu kräftig mit einem rostfreien Stahlschneebesen bis zu sahniger Konsistenz, bevor Sie die Seife in die Formen gießen.

PARFÜMIEREN DER SEIFE

Zu den aufregendsten Dingen des Seifenkochens gehört das Parfümieren. Zuvor müssen Sie sich jedoch selbst einige Fragen beantworten: Erstens, was wollen Sie mit der Seife tun? Mit anderen Worten, dient die Seife dem sinnlichen Vergnügen, soll sie einfach nur säubern, wünschen Sie ein reinigendes Deodorant oder vielleicht ein Heilmittel für empfindliche Haut? Wollen Sie ein frisches, prickelndes Aroma oder ein moschusartiges, würziges Parfüm? Bevorzugen Sie den süßen Duft von Morgentau oder einen Hauch von Orient? All dies, und vieles mehr, können Sie durch die Komposition bestimmter, ätherischer Öle bewirken. Viel Spaß beim Experimentieren!

Beständigkeit des Parfüms

Die zweite Überlegung gilt der Beständigkeit der ausgewählten ätherischen Öle. Einige Öle überstehen den Verseifungsprozeß besser als andere und manche, besonders die Zitrusöle, erfordern die Beigabe eines Fixierungsmittels, wie Benzoeharz, Vitamin E oder Teebaumöl.

Was sind ätherische Öle?

Ätherische Öle sind Pflanzenextrakte, die zumeist durch Destillation gewonnen werden. Bereits zur Herstellung winzigster Ölmengen werden große Mengen an Pflanzenmaterial benötigt. Dies ist der Grund für ihren hohen Preis. Ätherische Öle sind äußerst wirkungsvolle Zutaten, deshalb sollten sie ebenso vorsichtig behandelt werden wie Chemikalien.

Mischen Sie ein ätherisches Öl stets mit einem Basisöl, z.B. Mandelöl, bevor Sie es direkt mit der Haut in Berührung bringen, und tragen Sie stets Gummihandschuhe, wenn Sie damit arbeiten. Verzichten Sie auf ätherische Öle, wenn Sie unter Hautallergien leiden sowie während der ersten vier Monate der Schwangerschaft. Gerät unverdünntes Öl versehentlich in Ihre Augen, spülen Sie diese sofort mit Milch oder sauberem, warmem Wasser aus. Verschüttetes ätherisches Öl kann auch Lack oder Farbe auf Möbeln beschädigen. Waschen Sie es daher sofort mit einem Schwamm und warmem Seifenwasser von den Flächen ab.

Öle als Heilmittel

Aromatherapeuten können Ihnen viel über die medizinische Wirkung ätherischer Öle berichten. Zwar läßt sich darüber streiten, ob diese Eigenschaften nicht durch den Verseifungsprozeß beeinträchtigt werden, unbestritten ist jedoch, daß allein die Düfte Stimmungen hervorrufen oder verändern können. Meiner Meinung nach sollten Sie bei der Wahl der ätherischen Öle ruhig davon ausgehen, daß auch ihre Heilwirkung im fertigen Seifenstück noch enthalten ist.

Alternative Parfümstoffe

Da ätherische Öle sehr teuer sein können, ist auch die Verwendung synthetischer Parfümöle eine vertretbare Alternative. Die Verpackungen sehen denen ihrer natürlichen Gegenstücke oft täuschend ähnlich. Den Unterschied erkennen Sie zum einen am Preis, zum anderen aber auch an der im Kleingedruckten stehenden Warnung, diese Öle nicht in direkten Kontakt mit der Haut zu bringen. Diese Warnung sollten Sie beachten, wenn Sie Ihre Seife verkaufen wollen. Allerdings sind die winzigen Mengen, die beim Seifenkochen verwendet werden, kaum problematisch, es sei denn bei sehr empfindlicher Haut. Die Qualität von Parfümölen variiert von Aroma zu Aroma und von Marke zu Marke. Seien Sie hier also sehr wählerisch, besonders mit Blütendüften. Sonst könnten Sie leicht mit einer Seife enden, die wie ein herkömmliches Duftspray für das Badezimmer riecht.

Für viele Seifenkocher ist es außerdem verlockend, ätherische Öle selbst zu gewinnen. In der Realität werden dafür jedoch derart große Mengen an Blütenblättern benötigt, daß es für die mageren Ergebnisse kaum lohnt. Viel sinnvoller und einfacher ist es, mit einem der Basisöle vor der Verarbeitung einen Aufguß aus frischen Blüten oder Kräutern herzustellen. Zerdrücken Sie dafür die entsprechenden Pflanzenteile, damit die Duftstoffe frei werden, und füllen Sie sie locker in eine Flasche mit weitem Hals. Füllen Sie die Flasche dann mit Oliven-, Sonnenblumen- oder Mandelöl, und rühren Sie den Aufguß gut um.

Verschließen Sie die Flasche mit Baumwollstoff, und stellen Sie sie an einen sonnigen (oder warmen) Ort. Lassen Sie die Flasche an diesem Ort zwei Wochen stehen, und schütteln Sie sie täglich einmal gut durch. Sieben Sie dann die alten Pflanzen heraus, und füllen Sie die Flasche erneut mit frischen Pflanzen. Wiederholen Sie dies solange, bis das Öl kräftig nach den Blüten oder Kräutern riecht.

Ähnlich können Sie auch mit festen Fetten verfahren. Schmelzen Sie Kokos- oder Pflanzenfett in einem mit frischen Blütenblättern oder Kräutern gefüllten Topf. Lassen Sie das Ganze unter ständigem Rühren abkühlen. Schmelzen Sie dann das Fett erneut ein, sieben Sie die Pflanzenteile heraus, und ersetzen Sie sie durch frische. Wiederholen Sie dies solange, bis das abgekühlte Fett stark nach Blüten oder Kräutern riecht.

Sie können natürlich auch das im Rezept vorgegebene Wasser für einen Aufguß verwenden. Gießen Sie das kochende Wasser in einen mit den zerdrückten Blütenblättern oder Kräutern gefüllten Topf. Lassen Sie diesen »Tee« mit geschlossenem Deckel zwei Stunden ziehen, bevor Sie die Pflanzen heraussieben. Wiederholen Sie dies, bis das Wasser stark aromatisiert ist. Ähnliche Ergebnisse erzielen Sie mit den im Handel erhältlichen Kräuterteebeuteln.

Probleme

Sie sollten wissen, daß sowohl ätherische Öle wie auch synthetische Parfümöle die Seifenmasse zum Gerinnen bringen können. Geben Sie die Öle daher direkt nach dem Andicken hinzu, wenn die Natronlauge am schwächsten ist. Beginnt Ihre Seife zu gerinnen, schlagen Sie sie kräftig mit einem rostfreien Schneebesen, und gießen Sie die Masse sofort in die Form.

Duftkompositionen

Viele ätherische Öle erzeugen schon für sich allein genommen einen köstlichen, unverkennbaren Duft. Eine spannende Erfahrung ist es aber auch, verschiedene Öle miteinander zu kombinieren und so Ihre persönliche Traumseife zu kreieren. Bevor Sie starten, sollten Sie auf die Intensität der betreffenden Öle achten. Starke Öle erreichen Ihre Nase als erste, können jedoch extrem flüchtig sein. Mittelstarke Öle erzeugen eine beständige Parfümbasis.

Schwache Öle sind ideale Fixierungsmittel und liefern in Kompositionen nicht selten die wichtigste Duftkomponente. Als Faustregel gilt, daß mittelstarke Öle etwa 70 % der Gesamtkomposition ausmachen sollten.

Im folgenden eine Liste der beliebtesten ätherischen Öle und ihrer Eigenschaften. Leider fehlte mir der Platz, um alle vollständig aufzuführen. In der Literaturliste (siehe S. 79) finden Sie noch weitere Informationen zu diesem faszinierenden Thema.

BAYRUM *(Pimenta racemosa)*, **SCHWACH:** Dieses in der Parfümherstellung häufig verwendete, aromatische Öl ist besonders sinnlich in Komposition mit Muskatnuß und Mandarinenöl. Das Ergebnis ist eine wunderbar herbe Herrenseife.

BERGAMOTTE *(Citrus bergamia)*, **STARK:** Das aus der Schale der orangenähnlichen Bergamotte hergestellte Öl produziert einen reinen, frischen, belebenden Duft und wird oft in Aftershaves benutzt. Es ist gut gegen fettige Haut und wird von Aromatherapeuten für die Behandlung von Ekzemen und Akne empfohlen.

EUCALYPTUS *(Eucalyptus globulus)*, **STARK:** Kräftiger, antiseptischer Duft. Nützlich zur Abwehr von Flöhen und anderen Insekten und zur Linderung von Akne. Antimykotikum und guter Zusatz in Handseifen.

GERANIE *(Pelargonium roseum)*, **MITTELSTARK:** Süßer, berauschender Duft, der in Kompositionen mit den stärkeren Zitrus- oder Lavendelölen gewinnt. Belebende Wirkung, gut für alle Hauttypen und als Heilmittel gegen Ekzeme und Hautentzündungen. Ideal für Hautlotionen.

GRAPEFRUIT *(Citrus × paradisi)*: Siehe Zitrusöl.

INGWER *(Zingiber officinale)*, **MITTELSTARK:** Warmer, würziger Duft mit antiseptischer Wirkung. Guter Zusatz für Herrenseifen.

KAMILLE *(Chamaemelum nobile)*, **STARK:** Kamillenblütenöl ist gut bei trockener, empfindlicher Haut und zur Behandlung von Akne und Hautentzündungen. Ideal für Gesichtsseifen und Dampfbäder; mit einem reinen, frischen Duft.

KAMPFER *(Cinnamonum camphora)*: Siehe Rosenholz.

KARDAMOM *(Elletaria cardamomum)*, **STARK:** Das exotische, würzige Öl wird aus den Pflanzensamen extrahiert. Wirkt wohltuend bei Kopfschmerzen und Übelkeit.

KAROTTE *(Daucus carota)*, **MITTELSTARK:** Karottenöl hat einen revitalisierenden Duft. Es ist besonders gut für empfindliche Haut und zur Behandlung von Ekzemen und Schuppenflechte.

KIEFER *(Pinus sylvestris)*, **MITTELSTARK:** Klassischer Seifenduft mit frischem Aroma. Kiefernöl regt den Kreislauf an und hält Fliegen fern. Idealer Duft für Männer.

LAVENDEL *(Lavandula officinalis)*, **STARK:** Frischer, durchdringender Duft mit antiseptischer und antibiotischer Wirkung. Empfohlen für fettige und empfindliche Haut. Auch nützlich zur Abwehr von Insekten.

MAJORAN *(Origanum majorana)*, **STARK:** Dieses aus den Blüten des Krautes hergestellte Öl hat einen warmen Blätterduft, der gut zu Lavendel und Zitrusöl paßt. Wegen seiner antiseptischen Eigenschaften gut für fettige Haut. Ideal für Fußbäder.

MANDARINE *(Citrus reticulata)*, **MITTELSTARK:** Das süße, scharfe Aroma mit antiseptischer und beruhigender Wirkung ist eine gute Wahl für Gesichtsöle und Lotionen. Für die Verwendung in Seifen stabilisieren Sie den Duft mit Benzoeharz.

MUSKATELLERSALBEI *(Salvia sclarea)*, **MITTELSTARK:** Der Duft dieses aus den Blüten extrahierten Öls erinnert an einen Morgen auf dem Land. Das kostbare Öl hat antiseptische Eigenschaften und ist ein gutes Deodorant.

MYRRHE *(Commiphora myrrha)*, **SCHWACH:** Warm und holzig, gut für die Fingernägel.

MYRTENHEIDE *(Melaleuca alternifolia)*, **STARK:** Ein praktisches, medizinisch duftendes Öl, das in Seifen als Konservierungsmittel wirkt. Stark antiseptische und reinigende Eigenschaften und gut gegen juckende Haut, Insektenstiche und Akne.

NIAULI *(Melaleuca viridiflora)*, **MITTELSTARK:** Dieses aus den Blüten des gleichnamigen Baumes gewonnene Öl bildet mit seinem durchdringenden, süßlichen Duft die Grundsubstanz für Eau de Cologne. Es wirkt belebend und gilt als Heilmittel gegen Hautentzündungen.

PATSCHULI *(Pogostemon cablin)*, **SCHWACH:** Sie mögen es lieben oder hassen – nach diesem Öl dufteten in den 60er Jahren die Räucherstäbchen der Hippies. Patschuli hat einen warmen, pfefferähnlichen Duft, wirkt antiseptisch und gilt als Heilmittel für Akne und Ekzeme. Zudem ist es ein gutes Schuppenmittel für Shampooseifen.

PFEFFERMINZE *(Mentha × piperita)*, **STARK:** Das reine, frische und schon fast etwas zu kräftig duftende Pfefferminzöl läßt sich nicht gut mit anderen Ölen kombinieren. Es wirkt antiseptisch und wehrt Insekten ab. Pfefferminzölseife ist ideal für den Morgen nach einer durchzechten Nacht.

ROSENHOLZ *(Aniba rosaedora)*, **MITTELSTARK:** Dieses süße, würzige Öl wird aus einem tropischen Hartholzbaum gewonnen. Verzichten Sie also besser darauf, um den Tropenwald zu schützen. Eine gute und umweltverträglichere Alternative soll Kampferöl sein. Rosenholz stimuliert die Hautzellen und -gewebe und ist ideal für alternde Haut. Zudem wirkt es aphrodisierend – vermutlich ist dies der Grund, warum ich es entgegen meiner politischen Überzeugung dennoch hier aufgeführt habe.

ROSENÖL *(Rosa × damascena)*, **MITTELSTARK:** Dieses Öl ist für Seife etwas zu kostspielig. Zwar ist der berauschende Duft verführerisch und die antiseptische Wirkung willkommen, doch der Schock über den Preis könnte die beruhigenden Eigenschaften, die ihm nachgesagt werden, schnell zunichte machen. Nehmen Sie stattdessen lieber ein synthetisches Rosenparfümöl.

SANDELHOLZ *(Santalum album)*, **SCHWACH:** Der warme, holzige Duft mit antiseptischer und adstringierender Wirkung ist gut für trockene und alternde Haut und wird von Aromatherapeuten zur Behandlung von Ekzemen und Hautentzündungen empfohlen.

TANGERINE *(Citrus tangerina)*: Siehe Mandarine.

VANILLE *(Vanilla planifolia)*, **SCHWACH:** Ein warmes, wohltuendes Öl, das eigentlich kaum Vorteile hat, außer daß man ständig den Wunsch verspürt, an seiner Seife zu schnuppern (oder zu lecken). Vanilleöl färbt die Seife dunkelbraun.

WEIHRAUCH *(Boswellia carteri)*, **SCHWACH:** Exotisches, würziges, balsamisches Parfümöl mit antiseptischer und belebender Wirkung. Gut für alternde, fettige oder rissige Haut. Ideal für Gesichtsdampfbäder oder Lotionen.

YLANG-YLANG *(Cananga odorata)*, **MITTELSTARK:** Der süße, berauschende Duft ist sowohl für sich allein angenehm als auch in Komposition mit Muskatellersalbei. Gut für die meisten Hauttypen, ideal für Shampoos und Haarspülungen, da es stimulierend wirkt und das Haarwachstum fördert.

ZEDERNHOLZ *(Cedrus atlantica)*, **SCHWACH:** Das aus dem Holz extrahierte Öl erzeugt ein weiches, holziges Grundaroma, das besonders in Komposition mit Sandelholz beruhigend wirkt. Gute antiseptische Eigenschaften.

ZITRONE *(Citrus limon)*, **STARK:** Klarer, kräftiger Duft, der in Seifen den Zusatz eines Fixierungsmittels, wie Benzoeharz, erfordert. Gut für fettige Haut, mit antimykotischer und adstringierender Wirkung. In Komposition mit einem rauhen Füllmittel erhalten Sie eine ideale Peeling-Seife.

ZITRONELLGRAS *(Cymbopogon nardus)*, **STARK:** Erfrischender Zitrusduft, extrem wirksam zur Abwehr von Insekten und als Deodorant. Zitronellgras im Hundeshampoo hält Flöhe fern.

KONSISTENZ UND FÜLLSTOFFE

Füllstoffe sind Seifenzusätze, die den Verseifungsprozeß nicht beeinflussen. Dennoch gibt es vier gute Gründe dafür, sie zu verwenden. Der erste ist die wohltuende Wirkung bestimmter Füllstoffe für Ihre Haut. Der zweite ist Sparsamkeit (Füllstoffe vergrößern die Seifenmenge), der dritte die sichtbare Wirkung auf die Konsistenz der Seife, und der vierte schließlich ist das pure Vergnügen zu wissen, daß man sich beispielsweise mit frischen Erdbeeren, Gurken oder Mandeln wäscht. Trockene Füllstoffe sollten der Seifenmasse nach dem Andicken zugegeben werden (siehe »Grundlagen des Seifenkochens«, S. 8 bis 9). Frische Füllstoffe (Obst und Gemüse) werden passiert und einfach anstelle der entsprechenden Wassermenge verwendet.

ALGEN: Algen verbessern die Beschaffenheit und Farbe der Haut. Sie können Algen in Pulverform in Reformhäusern kaufen. Leider überstehen die zahlreichen Vitamine und Mineralstoffe den Verseifungsprozeß nicht. Dennoch lohnt der Zusatz von Algen wegen ihrer therapeutischen und dekorativen Eigenschaften.

APRIKOSEN: Getrocknete oder frische Aprikosen werden entkernt in die Seife gegeben. Folgen Sie dabei jedoch genau den unter »Obst und Gemüse« stehenden Anleitungen. Aprikosen enthalten viele Vitamine und Mineralstoffe und machen die Haut geschmeidig.

BENTONIT-TON: Dieser Ton ist in den Farben Rosa, Grau und Grün erhältlich. Er zieht Giftstoffe und Schmutz aus der Haut und gibt der Seife eine weiche Oberfläche. Für trockene Haut ist er nicht empfehlenswert. Bentonit-Ton erhalten Sie in Reformhäusern oder im Fachhandel für Künstlerbedarf. Geben Sie etwa einen Eßlöffel (15 g) auf 454 g Seife.

BIMSSTEIN: Durch die Scheuerkraft von fein gemahlenem Bimsstein lassen sich selbst hartnäckige Schmutzflecken von den Händen entfernen. Nehmen Sie etwa 2 Teelöffel (10 g) für 454 g Seife. Wenn Sie Ihren eigenen Bimsstein herstellen wollen, geben Sie 113 g Bims zu 227 g Seifenmischung, rühren Sie gründlich um, und gießen Sie das Ganze schnell zum Trocknen und Festwerden in die gefettete Form. Bimsstein können Sie in Apotheken und Drogerien kaufen.

BLÜTENBLÄTTER: Getrocknete Blütenblätter werden gemahlen und nach dem Andicken der Seifenmasse zugegeben. Rosen und Lavendel haben adstringierende Eigenschaften.

CALENDULA (RINGELBLUME): Sie ist gut für rauhe oder rissige Haut. Die gemahlenen Blütenblätter verfärben sich in der Seife, doch in Komposition mit dem entsprechenden ätherischen Öl sind sie ein angenehmer Zusatz, welcher der Seife ein leicht gesprenkeltes Aussehen verleiht. Nehmen Sie etwa 2 Eßlöffel (30 g) für 454 g Seife.

BORAX: Dieses Mineral erhöht die Reinigungskraft Ihrer Seife, macht das Wasser weicher und wirkt desinfizierend. Nehmen Sie höchstens einen Teelöffel (5 g) Boraxpulver für 454 g Seife. Bei größeren Mengen können Sie Probleme mit der Konsistenz der Seife bekommen.

FULLER-TON: Dieser braune Ton reinigt die Haut und entfernt abgestorbene Hautzellen. Er macht die Seife besonders kompakt und schwer und ist ideal für normale bis fettige Haut. Nehmen Sie etwa einen Teelöffel (5 g) für 454 g Seife.

GEWÜRZE: Gewürzpulver, wie Zimt, Paprika und Kurkuma, dienen in Seifen ausschließlich als natürliche Färbemittel (siehe »Seifen färben«, S. 26 bis 27). Gewürznelken haben zwar außerdem antiseptische Eigenschaften, können aber auch die Haut reizen und sollten daher bei empfindlicher Haut gemieden werden.

GURKE: Die häufig als Gesichtspackung verwendeten Gurken haben adstringierende Eigenschaften und eine hohe Reinigungskraft. Vor dem Gebrauch sollten Sie passiert werden (siehe unter »Obst und Gemüse«).

HAFERMEHL: Hafer gibt der Seife eine angenehme Konsistenz und wirkt als sanftes Peelingmittel. Mahlen Sie feine Haferflocken, z.B. Babyhaferflocken, in einer Küchenmaschine zu Mehl. Geben Sie maximal eine halbe Tasse auf 454 g Seife.

HASELNÜSSE (GEMAHLEN): Siehe Mandeln.

KAFFEE: Mit frisch gemahlenem, feinem Kaffeepulver können Sie besonders gut unerwünschte Gerüche, wie Zwiebel oder Knoblauch, von den Händen entfernen. Nehmen Sie etwa eine halbe Tasse für 454 g Seife.

Kaolin (Porzellanerde): Schneeweißer Ton mit adstringierender und reinigender Wirkung. Nehmen Sie etwa einen Eßlöffel (15 g) für 454 g Seife. Für trockene Haut ist er nicht empfehlenswert. Reines Kaolinpulver können Sie in Drogerien und im Fachhandel für Künstlerzubehör kaufen.

Karotten: Dieses auch als ätherisches Öl so wertvolle Gemüse kann auch passiert und frisch verwendet werden (siehe unter »Obst und Gemüse«). Karotten sind reich an den Vitaminen A und C und gut für rissige, trockene Haut.

Kleie: Kleie wird aus der äußeren Hülle des Getreidekorns gewonnen und gibt Ihrer Seife Form und Konsistenz. Zudem wirkt sie als natürliches Peelingmittel, das die abgestorbenen Hautzellen sanft abreibt. Geben Sie etwa 2 Teelöffel (10 g) auf 454 g Seife.

Kräuter: Kräuter sollten getrocknet und gemahlen verwendet werden, etwa 2 Teelöffel (10 g) auf 454 g Seife. Mit Kräutern erhalten Sie eine rustikale »Bauernseife« mit hautpflegenden Eigenschaften, wie Sie im Kapitel »Ätherische Öle« (siehe S. 21 bis 23) nachlesen können. Wenn Sie die Wirkung frischer Kräuter einfangen wollen, stellen Sie einen Aufguß mit Olivenöl her (siehe S. 20 bis 21). So werden zwar die Blätter selbst nicht in die Seife gegeben, doch die therapeutischen Eigenschaften, Duft und Farbe der Kräuter bleiben in dem Öl erhalten.

Maismehl: Maismehl ist nicht nur ein guter Füllstoff sondern wirkt auch als Peelingmittel. Nehmen Sie einen Eßlöffel (15 g) für 454 g Seife.

Mandeln (gemahlen): Gemahlene Mandeln finden in der Kosmetikindustrie häufig Verwendung, da sie Hautporen öffnen und ein sanftes Peeling bewirken. Mit nur einem Teelöffel Mandeln (5 g) macht Ihre Seife die Haut samtig weich und fettfrei. Statt der teureren Mandeln können Sie auch einfach Haselnüsse verwenden. Blanchieren Sie die Nüsse zunächst, und mahlen Sie diese zu einem feinen Pulver, welches Sie dann in die Seife geben.

Obst und Gemüse: Mit frischem, passiertem Obst und Gemüse können Sie die entsprechende Menge des Wasseranteils ersetzen, der bei den jeweiligen Rezepten vorgegeben wird. Sie haben keinerlei dekorativen Effekt, da sie sich in Seifen meist bräunlich färben. Zudem verringern Sie die Haltbarkeit der Seife, da der Verseifungsprozeß frische Zutaten nicht vor dem Verderben schützt. Wollen Sie dennoch Obst oder Gemüse verwenden, geben Sie am besten noch einen Teelöffel (5 g) Traubenkernöl, Karottenöl, Weizenkeimöl oder Benzoeharzpulver hinzu. All dies sind natürliche Konservierungsstoffe, welche die Haltbarkeit Ihrer Seife verlängern. Einfacher ist es, wenn Sie das Obst- oder Fruchtmus nur dem Wasseranteil von wieder eingeschmolzener Seife (siehe S. 18) beigeben. Auf diese Weise kommt es nicht direkt in Kontakt mit der Natronlauge.

Weizenkeime: Weizenkeimöl hat als Seifenzusatz viele wohltuende Eigenschaften (siehe »Kostbare Zusätze«, S. 15 bis 16). Die Keime selbst können pulverisiert und als mildes Peelingmittel verwendet werden. Geben Sie etwa einen Eßlöffel (5 g) auf 454 g Seife.

Zitronen und Orangen: Die getrocknete und feingehackte Schale von Zitrusfrüchten ist reich an Vitamin C und ein wertvoller Zusatz für Seifen. Besonders Zitrone hat eine starke antibakterielle Wirkung. Allerdings sind die ätherischen Öle dieser Früchte schwierig zu handhaben, weil sich ihr Duft häufig verliert. Geben Sie etwa einen Teelöffel (5 g) pulverisierte Schale auf 454 g Seife.
Sie können auch einen Teil des Wasseranteils durch Zitronensaft ersetzen.

SEIFEN FÄRBEN

Die einzige präzise Regel des Seifenkochens ist, daß es eine unpräzise Kunst ist. Dies wird besonders deutlich, wenn es um das Färben der Seife geht. Dabei haben unzählige Experimente mich schließlich gelehrt, daß natürliche Farben am schönsten sind. Viele Seifenkocher trachten nach dem Lapislazuli-Blau oder leuchtendem Grün, das manchmal in massenproduzierten Seifen zu finden ist. Diese werden mit natürlichen Ultramarinfarbstoffen und Oxiden oder mit spezifischen Pigmentpulvern erreicht, die für Kosmetika entwickelt wurden.

Das größte Problem mit den Farbstoffen besteht darin, daß die Natronlauge in der Seifenmischung Reaktionen mit unerwarteten Ergebnissen hervorruft. So können blaue Farbstoffe auch zu rosa Seife führen (je nach Art der verwendeten Basisöle). Das ist natürlich gut, wenn Sie rosa Seife angestrebt hatten, aber eher frustrierend, wenn Sie auf Blau gehofft hatten. Der Zusatz von honigfarbenem Bienenwachs und Milch führt zu einer gelbbraunen Grundmasse. Fügen Sie dann blaue Farbe hinzu, erhalten Sie eine grüne Seife. Die stabilsten Seifenfarben liefern natürliche Zutaten, wie Gewürze und Schokolade. Im folgenden führe ich die Farbtöne auf, die Sie damit erzielen können. Leider funktionieren normale Lebensmittelfarben in Seife nicht, dafür aber Wachsfarben, die zum Kerzengießen verwendet werden.

Wenn Sie mit Pigmenten und Wachsfarben arbeiten, sollten Sie die Farben nicht zu intensiv machen und die Wirkung erst an einem Probestück testen. Ihr Ziel sollte eine Seife sein, die trotz Farbe einen weißen Schaum erzeugt und nicht einen farbigen Rand in der Badewanne oder Flecken im Handtuch hinterläßt. Leuchtende Farben haben zudem die Tendenz zu verblassen. Teilen Sie Ihr Probestück, lagern Sie eine Hälfte an einem dunklen, die andere an einem sehr hellen Ort. Prüfen Sie den Unterschied nach mehreren Wochen.

Natürliche Farbstoffe

Nehmen Sie etwa einen halben Teelöffel (2,5 g) für 454 g Seife. Mischen Sie dies mit etwas Seife und geben Sie das Ganze unter kräftigem Rühren wieder zurück in den Topf.

Folgende Farbtöne können Sie erzeugen, wenn Sie die Farbstoffe zu einer weißen Grundmischung hinzugeben:

Cayennepfeffer – lachsfarben
Zimtpulver – beige
Kakaopulver – kaffeefarben oder braun
Currypulver – pfirsichgelb
Paprika – pfirsichfarben
Kurkuma – goldgelb
Dunkle Blockschokolade – braun
Flüssiges Chlorophyll – hellgrün

Oxide und Kosmetikfarben

Dies sind gute Farbstoffe für Seife, sie sollten jedoch nur in sehr geringen Mengen verwendet werden. Wollen Sie 900 g Seife mit einem Ultramarin- oder Oxidfarbstoff färben, lösen Sie etwa einen 3/4 Teelöffel (4 g) Pulver in 28 g warmem, destilliertem Wasser auf. Vergessen Sie dabei nicht, den Wasseranteil Ihres Seifenrezeptes um die bereits verwendeten 28 g zu verringern, um dies wieder auszugleichen. Geben Sie die Farbstofflösung nun vorsichtig mit einer Pipette in die Seifenmischung, damit Sie die Farbintensität kontrollieren können. Bedenken Sie, daß Ihre Seife im Topf erheblich dunkler aussieht als nach dem Trocknen. Weniger Pulver brauchen Sie, wenn sie Kosmetikfarben verwenden wollen – lösen Sie nur eine Messerspitze (1 g) in 28 g Wasser, und gehen Sie dann in gleicher Weise vor.

Farbstoffe geben Sie am besten nach dem Andicken und nach den ätherischen Ölen hinzu, da auch diese die Grundfarbe Ihrer Seife verändern können. Geben Sie acht, daß Sie die Pigmente nicht einatmen, da sie mehr oder weniger giftig sind. Experimentieren Sie mit den Ultramarinfarben, die es in verschiedenen Farbtönen gibt, sowie mit Ocker- und Eisenoxidfarben.

Lori Schenkelberg, eine sehr geschäftige Amerikanerin, verkauft mittlerweile winzige Mengen von Oxid- und Kosmetikfarben und bietet zudem Seifenproben an, die Ihnen zeigen, welche Farbtöne Sie damit erhalten können. Sie verkauft ihre Pigmentpäckchen per Post, zusammen mit einem äußerst nützlichen Informationsblatt (siehe Bezugsquellen auf S. 79). Lori Schenkelberg verwendet das folgende Grundrezept, um reine Farben zu erzielen.

567 g Pflanzenfett
170 g Kokosöl
170 g Palmöl
340 g destilliertes Wasser
120 g Natronlaugeplätzchen

Wachsflocken

Auch mit Wachsflocken, die zur Kerzenherstellung im Handel angeboten werden, können Seifen ganz erfolgreich gefärbt werden. Mischen Sie sich einfach den gewünschten Farbton aus den einzelnen Farben zusammen. Lösen Sie nun einige Wachsflocken in einem Teil der Seifenmischung auf, und geben Sie das Ganze zurück in die Hauptmasse. Nun muß gut gerührt werden, bis sich die Farbe gleichmäßig verteilt hat.

Wachsmalstifte

Auch diese können zum Färben von Seife verwendet werden. Gehen Sie genauso vor, wie bei den Wachsflocken beschrieben.

Seifenfarbe

Manche Bastelgeschäfte verkaufen flüssige »Seifenfarbe«. Diese ist ideal zum Färben von wieder eingeschmolzener Glycerinseife geeignet, für die sie auch gedacht ist. Doch leider übersteht sie bei der Verseifung nur selten den Kontakt mit Natronlauge.

Rezep

Wenn Sie gern kochen, lieben Sie sicher die Kompositionen verschiedener Kräuter, Gewürze und vitaminreicher Öle, die in den Seifen dieses Buches enthalten sind. Betrachten Sie diese Rezepte aber nur als Richtlinie. Fügen Sie einfach nach eigenem Geschmack ätherische Öle oder köstliche Kräuter hinzu, um für sich selbst oder auch für Freunde und Ihre Familie ganz persönliche Seifen zu kreieren.

Auf den folgenden Seiten finden Sie Seifenrezepte für alle Gelegenheiten. Einige sind für bestimmte Zwecke gedacht, wie etwa die Küchenseife oder die Gärtnerseife, während andere einfach ihres besonderen Aromas, ihrer Konsistenz oder Farbe wegen kreiert wurden. Ich hoffe, es findet sich für jedermann etwas.

Als ich einst damit begann, Seifen selber zu kochen, waren meine Freunde beim Ausprobieren recht skeptisch. Sie befürchteten wohl, daß ein Seifenstück, das nicht perfekt geformt und glatt poliert ist, schädlich sein muß. Mittlerweile können sie gar nicht genug davon bekommen. Sicher werden auch Sie bald Seife für Ihre Freunde, die Freunde Ihrer Freunde und die Freunde der Kinder Ihrer Freunde machen ...

Probieren Sie bitte auf jeden Fall die Shampooseife auf Seite 72. Ihr Haar fühlt sich damit viel länger sauber an als mit herkömmlichen Shampoos, da sie weder Wachs noch starke Chemikalien enthält, und das Olivenöl verleiht Ihrem Haar einen seidigen Glanz.

te

Grundtechnik des Seifenkochens

Die Qualität Ihrer Seife ist im wesentlichen von den Zusätzen abhängig, die Sie auswählen. Mit diesem Buch möchte ich Sie dazu ermutigen, Ihre eigenen Kreationen zu wagen, die Ihrem Hauttyp und Parfümgeschmack entsprechen. Sie können Seife aber auch mit einem einzigen Fett herstellen, das Sie gerade in Ihrem Kühlschrank finden. Im folgenden zeige ich Ihnen die grundlegenden Arbeitsschritte, die für alle Seifenrezepte gelten.

1 Wiegen Sie die Basisfette und -öle sowie gegebenenfalls das Bienenwachs aus.

2 Schmelzen Sie diese Zutaten in einem rostfreien Stahl- oder Emailletopf auf kleiner Flamme ein. Drehen Sie die Hitze ab, und lassen Sie das Öl unter gelegentlichem Umrühren auf etwa 54 °C abkühlen.

3 Wiegen Sie die Natronlaugeplätzchen und das Wasser aus.

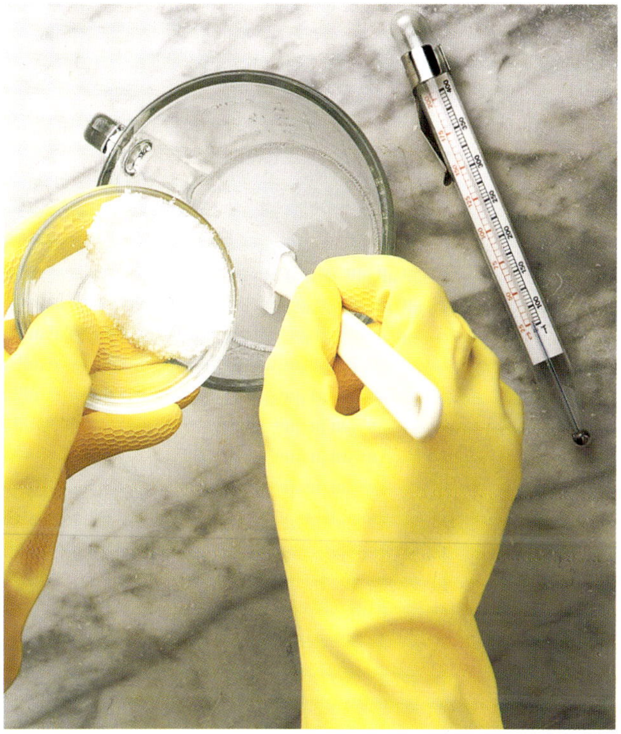

4 Gießen Sie die Natronlaugeplätzchen in das Wasser, und rühren Sie solange, bis sie sich aufgelöst haben. Lassen Sie die Lauge auf etwa 54 °C abkühlen. Tragen Sie dabei Schutzbrille und Gummihandschuhe. Atmen Sie die Dämpfe nicht ein.

5 Geben Sie die Natronlauge unter kräftigem Rühren in das Öl.

6 Rühren Sie immer wieder um, bis die Masse dickflüssig wird. Der Verseifungsprozeß ist abgeschlossen, wenn die Seife, die Sie vom Löffelrücken abtropfen lassen, auf der Oberfläche der Masse eine Spur hinterläßt.

7 Geben Sie nach Wunsch Farbstoffe und ätherische Öle hinzu.

8 Rühren Sie erneut um, und gießen Sie die Masse in die vorgefettete Form.

9 Decken Sie die Seife mit einem Handtuch oder einer Decke ab, und lassen Sie sie 24 Stunden trocknen. Lösen Sie die Seife dann aus der Form, und schneiden Sie dieselbe in Stücke (Gummihandschuhe tragen!). Lassen Sie die Seifenstücke schließlich abgedeckt vier Wochen lang reifen, bevor Sie diese benutzen.

Die folgenden Grundrezepte für weiße Seifen sind sehr einfach. Sie bieten Ihnen die Möglichkeit zu experimentieren, ohne teure Zutaten zu kaufen. Daher werden die Zutaten der folgenden Rezepte jeweils für nur 454 g Seife angegeben.

Talgseife

Das ist eine reine, wunderbar harte Seife, die schnell andickt.
454 g Rindertalg
57 g Natronlaugeplätzchen
142 g destilliertes oder entmineralisiertes Wasser

Schmalzseife

Viele Seifenkocher verwenden am liebsten Schweinefett, weil es eine strahlend weiße Seife mit großen, cremigen Seifenblasen ergibt. Sie kann jedoch leicht fettig riechen. Verdecken Sie diesen Geruch am besten mit ätherischen Ölen.
454 g Schweinefett
57 g Natronlaugeplätzchen
142 g destilliertes oder entmineralisiertes Wasser

Vegetarische Seife

Dieses Rezept liefert eine relativ weiche Seife, und das Andicken dauert länger als bei den anderen beiden Rezepten – eine gute Beschäftigung für einen Regentag.
454 g Pflanzenfett
57 g Natronlaugeplätzchen
142 g destilliertes oder entmineralisiertes Wasser

Fetten Sie eine quadratische oder rechteckige Form ein. Beginnen Sie dann mit den zuvor beschriebenen Arbeitsschritten. Nach etwa 30 Minuten ist die Masse fertig angedickt. Geben Sie nun nach Belieben einen Eßlöffel (15 g) Ihrer bevorzugten ätherischen Öle hinzu, und rühren Sie gut um. Gießen Sie die Masse sofort in die Form, und decken Sie diese mit einem Handtuch oder einer Decke ab. Lassen Sie die Seife 24 Stunden, oder bis sie eine feste Konsistenz erreicht hat, trocknen. Tragen Sie Gummihandschuhe, wenn Sie die Seife aus der Form lösen und anschließend in Stücke schneiden. Decken Sie die fertigen Seifenstücke wieder ab, und lassen Sie diese vor der Benutzung vier Wochen lang reifen.

Frucht seifen

Allgemein gilt, daß Seifen, die gut für Ihre Haut sind, auch appetitlich aussehen und riechen. Fruchtseifen machen da keine Ausnahme. Ein fruchtiges Seifenaroma können Sie auf verschiedene Weise erhalten. Während einige synthetische Blütendüfte manchmal etwas undefinierbar sind, bietet der Handel einige herrliche fruchtige Aromastoffe an. Sie können zudem frisches Obst auspressen und in die Natronlauge geben oder einfach Zitrusaroma und/oder feingehackte Zitrusschalen hinzugeben. Diese liefern nicht nur wertvolle Inhaltsstoffe, sondern beeinflussen auch Farbe und Konsistenz der Seife. Leider erhalten Sie mit passierten Brombeeren keine dunkelblaue Seife. Die Früchte werden unter dem Einfluß von Natronlauge meist braun oder grau, so daß noch andere Farbstoffe benötigt werden. Aus Zitrusfrüchten gewonnene ätherische Öle verlieren ihr Aroma meist und sollten daher mit etwas Benzoeharz fixiert werden.

Brombeerseife

Diese Seife sieht aus wie weiches, blaues Wildleder, und ich war versucht, mit immer mehr Ultramarinpulver einen schönen Lapislazuli-Ton zu erzeugen. Widerstehen Sie dieser Versuchung, allzuviel Farbstoff beizugeben, da dies unweigerlich zu blau gefleckten Handtüchern und einem blauen Schmutzring in der Badewanne führt. Beachten Sie aber auch, daß die Seifenmischung erheblich dunkler wird, als das fertige Seifenstück.

Eigenschaften der Seife

- ❑ mittelhart bis hart mit mittelgroßen Seifenblasen
- ❑ Aussehen und Duft wunderbar
- ❑ nicht empfehlenswert für empfindliche Haut

567 g Pflanzenfett
170 g Kokosöl
170 g Palmöl
340 g destilliertes oder entmineralisiertes Wasser
113 g Natronlaugeplätzchen
2,5 g Ultramarinpulver
2 Teelöffel (10 g) Brombeer-Parfümöl

Fetten Sie eine quadratische oder rechteckige Form ein. Erhitzen Sie Fett und Basisöle in einem rostfreien Stahl- oder Emailletopf auf niedriger Flamme. Messen Sie 14 g des Wassers ab, und schütten Sie den Rest in eine Schüssel bzw. einen Krug aus feuerfestem Glas oder Kunststoff. Tragen Sie Gummihandschuhe und Schutzbrille, wenn Sie die Natronlaugeplätzchen in das Wasser geben, und rühren Sie, bis diese sich aufgelöst haben. Sobald das Fett geschmolzen ist, nehmen Sie den Topf von der Kochplatte.

Legen Sie ein Zuckerthermometer in das Öl, das andere in die Natronlauge. Wenn beide Thermometer etwa die gleiche Temperatur zwischen 49 und 60 °C anzeigen, schütten Sie die Natronlauge in das Öl (siehe S. 31 bis 32). Rühren Sie gelegentlich um, bis die Masse nach etwa 90 Minuten fertig angedickt ist.

Schütten Sie nun das Ultramarinpulver in das beiseite gestellte Wasser. Rühren Sie, bis es sich vollständig aufgelöst hat, und geben Sie die Farblösung langsam in die Seife. Unter kräftigem Rühren wird nun das Brombeeröl hinzugegeben. Schütten Sie das Ganze sofort in die Form, und decken Sie diese mit einem Handtuch oder einer Decke ab. Lassen Sie die Seife 24 Stunden, oder bis sie eine feste Konsistenz erreicht hat, trocknen. Dann können Sie die Seife mit Gummihandschuhen aus der Form lösen und in Stücke schneiden. Lassen Sie die abgedeckten Seifenstücke vier Wochen lang reifen, bevor Sie diese benutzen.

Peach melba

Diese cremige Sommerseife verbindet das berauschende Pfirsich- und *Geranium*-Aroma mit den samtweichen Eigenschaften von Glycerin und Aprikosenkernöl. Die Farbe wird eher zufällig als absichtlich etwas fleckig, doch schließlich gehört der Überraschungseffekt zu den Vorzügen des Seifenkochens. Ich habe Plastiktöpfe für die Mikrowelle als Formen benutzt, doch Sie können natürlich nach Belieben andere Formen wählen.

Grapefruitseife (oben), Peach melba (Mitte), Brombeerseife (unten)

Eigenschaften der Seife

- extra weich und cremig
- ohne Farbstoff eine wundervolle Gesichtsseife
- mittelgroße Seifenblasen

340 g Pflanzenöl
283 g Kokosöl
255 g Olivenöl
368 g destilliertes oder entmineralisiertes Wasser
127 g Natronlaugeplätzchen
1 Teelöffel (5 g) feine, rote Kerzenwachsfarbe
1 Eßlöffel (15 g) Glycerin
1 Eßlöffel (15 g) Aprikosenkernöl
1 Teelöffel (5 g) ätherisches Geranienöl
1 Teelöffel (5 g) Pfirsich-Parfümöl

Fetten Sie die Formen ein. Erhitzen Sie die Basisöle auf kleiner Flamme in einem rostfreien Stahl- oder Emailletopf. Schütten Sie das Wasser in eine Schüssel bzw. einen Krug aus feuerfestem Glas oder Kunststoff. Mit Gummihandschuhen und Schutzbrille geben Sie nun die Natronlaugeplätzchen in das Wasser. Rühren Sie gut um, bis sie sich aufgelöst haben. Sobald die Fette geschmolzen sind, nehmen Sie den Topf von der Kochplatte.

Legen Sie dann ein Zuckerthermometer in das Öl und eines in die Natronlauge. Sobald die beiden Thermometer etwa die gleiche Temperatur zwischen 49 und 60 °C anzeigen, schütten Sie die Natronlauge in das Öl (siehe S. 31 bis 32). Rühren Sie gelegentlich um, bis die Masse nach etwa 90 Minuten fertig angedickt ist.

Füllen Sie einen Eßlöffel (15 g) der Seifenmischung in eine Tasse, und rühren Sie die Wachsflocken ein, bis diese sich aufgelöst haben. Gießen Sie alles unter kräftigem Rühren wieder in den Topf. Rühren Sie dann das Glycerin, das Aprikosenkernöl, die ätherischen und die Parfümöle hinein. Füllen Sie die fertige Seife sofort in die Formen, und decken Sie diese mit einem Handtuch oder einer Decke ab. Lassen Sie die Seife 24 Stunden, oder bis sie eine feste Konsistenz erreicht hat, trocknen.

Mit Gummihandschuhen lösen Sie nun die Seife aus den Formen und schneiden diese wie gewünscht in Stücke. Decken Sie die Seife dann wieder ab, und lassen Sie alles vier Wochen reifen.

Wir kennen Aprikosen und Pfirsiche eher als schmackhafte Obstsorten. Sie gehören jedoch zur Familie der Rosengewächse – das erklärt ihren betörenden Duft.

Grapefruitseife

Das ist eine frische, kräftige Seife, die Ihnen morgens den Schlaf aus dem Körper treibt. Als Form empfehle ich ein PVC-Rohr. So können Sie entweder ganze »Grapefruitscheiben« schneiden oder diese nochmals halbieren, wie ich es gemacht habe. Den besonderen Pfiff erhält die Seife, wenn Sie nach dem Andicken einen Eßlöffel (15 g) fein geriebene Grapefruitschale hinzugeben.

Eigenschaften der Seife

- gut für fettige Haut
- mittelharte bis harte Seife mit mittelgroßen Seifenblasen

680 g Pflanzenfett
227 g Kokosöl
57 g Bienenwachs
312 g destilliertes oder entmineralisiertes Wasser
142 g Natronlaugeplätzchen
1/2 Teelöffel (2,5 g) blaugrüne flüssige Seifenfarbe (siehe Bezugsquellen, S. 80)
1 Eßlöffel (15 g) ätherisches Grapefruitöl
1/2 Teelöffel (2,5 g) Benzoeharzpulver oder -tinktur

Fetten Sie ein mindestens 25 cm langes, 10 cm dickes PVC-Rohr innen ein. Erhitzen Sie Fett, Öle und Bienenwachs auf kleiner Flamme in einem rostfreien Stahl- oder Emailletopf.

Füllen Sie das Wasser in eine Schüssel bzw. einen Krug aus feuerfestem Glas oder Kunststoff. Tragen Sie Gummihandschuhe und Schutzbrille, wenn Sie die Natronlaugeplätzchen in das Wasser geben. Rühren Sie gut um, bis sich alle Natronlaugeplätzchen restlos aufgelöst haben. Sobald die Fette geschmolzen sind, nehmen Sie den Topf von der Kochplatte.

Legen Sie ein Zuckerthermometer in das Öl und eines in die Natronlauge. Sobald beide etwa die gleiche Temperatur zwischen 49 und 60 °C anzeigen, schütten Sie die Natronlauge in das Öl (siehe S. 31 bis 32). Lassen Sie die Masse unter gelegentlichem Rühren andicken. Dies dauert etwa 15 Minuten.

Geben Sie nun Farbstoffe, ätherische Öle und Benzoeharz hinzu, und rühren Sie alles gut um. Füllen Sie die Masse dann sofort in die Form, und decken Sie diese mit einem Handtuch oder einer Decke ab. Lassen Sie die Seife 24 Stunden, oder bis sie eine feste Konsistenz erreicht hat, trocknen. Mit Gummihandschuhen können Sie nun die Seife aus der Form lösen und in Scheiben schneiden. Diese müssen nach dem Abdecken noch vier Wochen reifen.

Erdbeerseife

Bei dieser Seife habe ich an nichts gespart. Neben roter Pigmentfarbe und Erdbeer-Parfümöl habe ich einen ganzen Korb voll frischer Erdbeeren verarbeitet. Eigentlich sollen die Erdbeeren der Seife adstringierende Eigenschaften verleihen, doch ich fürchte, daß die therapeutische Wirkung durch den künstlichen Farbstoff und das Parfümöl zunichte gemacht wird.

Mit ihrer auffälligen und interessanten Farbe und Beschaffenheit ist dies eine schöne Seife für einen gemischten Seifenkorb.

Eigenschaften der Seife

- ❑ mittelhart bis weich mit mittelgroßen Seifenblasen
- ❑ dekorativ, bringt Farbe in das Badezimmer
- ❑ nicht empfehlenswert für empfindliche Haut

340 g Pflanzenfett
227 g Rindertalg
227 g Kokosöl
113 g Olivenöl
57 g Bienenwachs
397 g destilliertes oder entmineralisiertes Wasser
170 g frische Erdbeeren
142 g Natronlaugeplätzchen
1/2 Teelöffel (2,5 g) verdünnte rote Kosmetikfarbe
28 g Weizenkeimöl
2 Teelöffel (10 g) Erdbeer-Parfümöl

Fetten Sie die gewünschte Form ein. Erhitzen Sie Fett, Basisöle und Bienenwachs auf kleiner Flamme in einem rostfreien Stahl- oder Emailletopf. Messen Sie 113 g des Wassers ab, und gießen Sie den Rest in eine Schüssel bzw. einen Krug aus feuerfestem Glas oder Kunststoff.

Entfernen Sie von den frischen Erdbeeren die Blätter und Stiele, und geben Sie die Früchte zusammen mit dem abgenommenen Wasser in einen Mixer. Passieren Sie die Erdbeeren solange, bis sie ganz flüssig geworden sind. Geben Sie diese Flüssigkeit in das restliche Wasser. Mit Gummihandschuhen und Schutzbrille werden jetzt die Natronlaugeplätzchen unter ständigem Rühren im Erdbeersaft aufgelöst. Sobald Fett und Wachs im Topf geschmolzen sind, nehmen Sie das Öl von der Kochplatte.

Legen Sie ein Zuckerthermometer in das Öl und eines in die Natronlauge. Sobald beide etwa die gleiche Temperatur zwischen 49 und 60 °C anzeigen, schütten Sie die Natronlauge in das Öl (siehe S. 31 bis 32). Rühren Sie die Flüssigkeit gelegentlich um, bis die Mischung andickt. Dies dauert etwa 30 Minuten.

Geben Sie nun erst den Farbstoff, dann das Weizenkeimöl und zuletzt das Parfümöl hinzu, und rühren Sie wieder gut um. Gießen Sie jetzt sofort alles in die Form, und decken Sie diese mit einem Handtuch oder einer Decke ab. Lassen Sie die Seife 48 Stunden, oder bis sie eine feste Konsistenz erreicht hat, trocknen. Mit Gummihandschuhen wird sie dann aus der Form gelöst und geschnitten. Decken Sie die Seifenstücke ab, und lassen Sie diese vor dem Gebrauch vier Wochen reifen.

Gurkenfrische

Diese interessante kleine Seife enthält frische Gurken, die ein hellgrünes Fleckenmuster erzeugen. Um die Gurken zu konservieren habe ich einige Tropfen Traubenkernöl beigemischt, das zudem das Andicken beschleunigt. Da ich kein Gurken-Parfümöl finden konnte, habe ich mit Birne parfümiert.

Eigenschaften der Seife

- ❑ mittelhart mit cremigem Schaum
- ❑ dekorativ
- ❑ gut für alle Hauttypen

395 g Kokosöl
282 g Pflanzenfett
226 g Olivenöl
1 Tasse frische Gurken (ungeschält und in Stücke geschnitten)
415 g destilliertes oder entmineralisiertes Wasser
15 g Natronlaugeplätzchen
1/2 Teelöffel (2,5 g) Traubenkernöl
1 Eßlöffel (15 g) Birnen-Parfümöl

Fetten Sie ein Stück PVC-Rohr ein. Erhitzen Sie Fett und Basisöle auf kleiner Flamme. Gießen Sie währenddessen das Wasser in eine Schüssel bzw. einen Krug aus feuerfestem Glas oder Kunststoff. Geben Sie die Gurkenstücke dazu, und passieren Sie alles in einem Mixer zu einer dickflüssigen Masse. Ziehen Sie Gummihandschuhe und Schutzbrille an, und geben Sie dann die Natronlaugeplätzchen in die Gurkenmasse. Rühren Sie gut um, bis sie sich aufgelöst haben. Sobald die Fette geschmolzen sind, nehmen Sie den Topf von der Kochplatte. Legen Sie ein Zuckerthermometer in das Öl und eines in die Natronlauge. Sobald beide etwa die gleiche Temperatur zwischen 49 und 60 °C anzeigen, gießen Sie die Natronlauge in das Öl. Rühren Sie die Mischung gelegentlich um, bis sie andickt. Dies dauert etwa 20 Minuten.

Geben Sie nun das Birnen-Parfümöl hinzu, und rühren Sie gut um. Schütten Sie die Masse sofort in die Form, und decken Sie alles mit einem Handtuch oder einer Decke ab. Die Seife muß nun 24 Stunden, oder bis sie fest geworden ist, trocknen. Mit Gummihandschuhen wird die Seife anschließend aus dem Rohr gedrückt und in Scheiben geschnitten. Lassen Sie die Seife vier Wochen lang abgedeckt ausreifen, bevor Sie diese benutzen.

St. Clements

Diese Seife enthält die fein geriebene Schale von Orangen und Zitronen und einen Schuß Benzoeharz als Konservierungsmittel. Ich habe Kurkuma als Farbstoff verwendet, doch Sie können dieses auch durch eine Kosmetikfarbe ersetzen.

Eigenschaften der Seife

- ❑ hart und wachsartig mit mittelgroßen Seifenblasen
- ❑ sehr ergiebig
- ❑ gut für fettige Haut

395 g Pflanzenfett
282 g Kokosöl
226 g Palmöl
56,5 g Bienenwachs
297 g destilliertes oder entmineralisiertes Wasser
143 g Natronlaugeplätzchen
113 g Orangenblütenwasser
1 Tasse gemischte, fein geriebene frische Orangen- und Zitronenschalen
2 Teelöffel Kurkumapulver
je 1 Eßlöffel (15 g) ätherisches Orangen- und Zitronenöl
1 Teelöffel flüssiges oder pulverförmiges Benzoeharz

Folgen Sie der auf Seite 31 bis 32 beschriebenen Anleitung. Das Andicken sollte etwa 10 Minuten dauern.

Streuen Sie während des Andickens unter kräftigem Rühren die Zitrusschalen ein. Ist die Masse fertig angedickt, geben Sie die ätherischen Öle, das Benzoeharz und Kurkuma hinzu. Anschließend muß wieder gut umgerührt werden. Gießen Sie die Mischung sofort in die Form, und decken Sie diese mit einem Handtuch oder einer Decke ab. Lassen Sie die Seife 24 Stunden, oder bis sie fest geworden ist, trocknen. Mit Gummihandschuhen wird die Seife anschließend aus der Form gelöst und in Stücke geschnitten. Lassen Sie diese dann vier Wochen lang abgedeckt reifen.

Blumen seifen

Aus den Blütenblättern von Jasmin und Rosen werden die kostbarsten aller Blütenessenzen gefertigt, und die ätherischen Öle aus Lavendelknospen wirken beruhigend und antiseptisch. Eine andere für Seifenkocher sehr wichtige Pflanze ist *Calendula*, die Ringelblume, mit ihrer wohltuenden Wirkung bei rissiger, strapazierter Haut. Leider ist sie als reines ätherisches Öl nur selten im Handel. Aber es ist möglich, aus den Blütenblättern einen Olivenöl-Aufguß herzustellen oder sie einfach getrocknet in die Seife zu geben.

Bei den folgenden Rezepten können Sie den Wasseranteil durch gekauftes Rosenwasser oder selbstgemachtes Blütenwasser (siehe »Parfümieren der Seife« S. 20 bis 21) ersetzen.

Wenn Sie sich den Luxus von ätherischen Ölen gönnen wollen, mischen Sie verschiedene Blütenöle, um Ihr eigenes persönliches Bouquet zu kreieren.

Rosa Lavendel- und Limonenseife

Die zarte, blaßrosa Farbe dieser Seife wurde eigentlich mit blauem Farbstoff erzeugt.

Wenn Sie jedoch eine lavendelblaue Seife herstellen wollen, lassen Sie beim folgenden Rezept die ätherischen Öle und den Farbstoff weg. Lassen Sie die Seife mindestens zwei Wochen liegen, und raspeln Sie die Seife dann zu Seifenspänen, um sie wieder einzuschmelzen. Näheres hierzu siehe Seite 18.

Eigenschaften der Seife

- ❑ gute antiseptische Wirkung
- ❑ hervorragend für fettige Haut
- ❑ hart mit großen Seifenblasen

227 g Rindertalg
227 g Kokosöl
454 g Pflanzenfett
134 g Natronlaugeplätzchen
389 g destilliertes oder entmineralisiertes Wasser
2 Teelöffel (10 g) flüssige blaue Seifenfarbe
2 Teelöffel (10 g) ätherisches Lavendelöl
1 Teelöffel (5 g) ätherisches Limonenöl
1 Teelöffel (5 g) flüssiges Benzoeharz

Fetten Sie eine flache quadratische oder rechteckige Form. Erhitzen Sie Fett und Basisöle auf kleiner Flamme in einem rostfreien Stahl- oder Emailletopf.

Während die Fette schmelzen, gießen Sie das Wasser in eine Schüssel bzw. einen Krug aus feuerfestem Glas oder Kunststoff.

Mit Gummihandschuhen und Schutzbrille werden nun die Natronlaugeplätzchen in das Wasser gerührt, bis sie sich aufgelöst haben. Sobald die Fette geschmolzen sind, nehmen Sie das Öl von der Kochplatte. Legen Sie ein Zuckerthermometer in das Öl und eines in die Natronlauge. Sobald beide etwa die gleiche Temperatur zwischen 49 und 60 °C anzeigen, gießen Sie die Natronlauge in das Öl (siehe S. 31 bis 32). Rühren Sie gelegentlich um, bis die Masse nach etwa 40 Minuten andickt.

Durch Auftragen von Rosenöl erhielt man früher sanft glänzende Augenlider. Zudem kauten die Menschen, bevor es so etwas wie Zahnpflege gab, in Honig zerdrückte Pastillen aus Myrrhe und Rosenblättern, um einen süßlichen Atem zu erzeugen. Zu den berühmtesten Parfümen aus Rosen gehörte das englische »Red Rose«, das während der Regierungszeit von König Edward VII. in London von Floris hergestellt wurde.

Tip

Das Wort Lavendel stammt aus dem lateinischen »lavo« (ich wasche). Zwei Teelöffel mit destilliertem Lavendelblütenwasser stellten die verlorene Stimme wieder her und beruhigten die bebenden Leidenschaften des Herzens! Zudem ist es ein ausgezeichnetes Heilmittel gegen Sonnenbrand und hält Motten und andere Insekten fern.

Geben Sie nun Farbstoffe und ätherische Öle hinzu, und rühren Sie gut um. Gießen Sie alles sofort in die Form, und decken Sie diese mit einem Handtuch oder einer Decke ab. Lassen Sie die Seife 24 Stunden, oder bis sie eine feste Konsistenz erreicht hat, trocknen.

Mit Gummihandschuhen lösen Sie die Seife aus der Form. Wenn Sie eine Sammelform verwendet haben, schneiden Sie die Seife nun in Stücke. Lassen Sie diese vier Wochen lang abgedeckt ausreifen.

Würzige Butterrosen

Der Preis für reines Rosenöl treibt Ihnen vermutlich Schweißperlen auf die Stirn. Glücklicherweise gibt es aber für wenig Geld synthetische Rosen-Parfümöle, die für das Seifenkochen eine gute Alternative darstellen. Die Komposition mit Sonnenblumenöl, Kakaobutter und einem Hauch von Kardamom macht ein heißes Bad mit dieser Seife zu einer herrlich exotischen Erfahrung am Ende eines langen, harten Tages.

Eigenschaften der Seife

- ❑ wirkt wohltuend bei Streß und Anspannung
- ❑ hart, aber cremig mit großen Seifenblasen

283 g Kokosöl
283 g Pflanzenfett
227 g Sonnenblumenöl
113 g Kakaobutter
134 g Natronlaugeplätzchen
389 g destilliertes oder entmineralisiertes Wasser
2 Teelöffel (10 g) flüssige rote Seifenfarbe
2 Teelöffel (10 g) Rosen-Parfümöl
1 Teelöffel (5 g) ätherisches Kardamomöl
1/2 Teelöffel (2,5 g) flüssiges Benzoeharz

Kochen Sie diese Seife nach derselben Anleitung wie die Rosa Lavendel- und Limonenseife. Allerdings sollte die Seifenmasse nach etwa 15 Minuten fertig angedickt sein.

Sonnenblume & Calendula

Sonnenblumen enthalten wertvolle Vitamine und Mineralien. Fügen Sie noch die beruhigende Wirkung von Ringelblumen hinzu, und schon haben Sie eine Seife für alle Jahreszeiten, und außerdem ein wunderbares Geschenk.

Eigenschaften der Seife

- ❑ gut für alle Hauttypen
- ❑ mittelhart bis hart mit cremigem Schaum

340 g Kokosöl
340 g Sonnenblumenöl
227 g Palmöl
149 g Natronlaugeplätzchen
404 g destilliertes oder entmineralisiertes Wasser
1 Teelöffel (5 g) Kurkuma
3 Eßlöffel (45 g) getrocknete Ringelblumen-Blütenblätter
2 Teelöffel (10 g) Muskatellersalbei-Öl
2 Teelöffel (10 g) Majoranöl

Fetten Sie Ihre Form mit Pflanzenfett ein. Kochen Sie die Seife entsprechend der Anleitung von Rosa Lavendel- und Zitronenseife. Gießen Sie die Natronlauge jedoch erst dann unter Rühren in das Fett, wenn beide Thermometer denselben Wert zwischen 54 und 65 °C anzeigen. Rühren Sie gelegentlich um, bis die Mischung nach etwa 40 Minuten andickt.

Geben Sie nun das Kurkumapulver und die ätherischen Öle in die Masse. Anschließend kommen die getrockneten Blütenblätter hinzu. Dann wird wieder kräftig gerührt. Gießen Sie danach die Seife sofort in die Form, und decken Sie diese mit einem Handtuch oder einer Decke ab. Lassen Sie die Seife 12 Stunden, oder bis sie eine feste Konsistenz erreicht hat, trocknen.

Mit Gummihandschuhen lösen Sie die Seife aus der Form. Wenn Sie eine Sammelform verwendet haben, schneiden Sie die Seife nun in Stücke. Lassen Sie diese vier Wochen lang abgedeckt ausreifen.

Die Ringelblume ist ein guter Talisman. Doch um wirklich Glück zu bringen, müssen Sie die Ringelblume pflücken, sobald die Sonne in das Zeichen der Jungfrau tritt und sie zusammen mit einem Wolfszahn in ein Lorbeerblatt wickeln. Die weniger mystisch Interessierten können den Blütenkopf zur sofortigen Linderung über einen Bienen- oder Wespenstich reiben.

Bienenwachs- und Honigseifen

Seifen, welche Bienenwachs enthalten, haben mehrere Vorteile. Sie dicken schnell an, haben eine angenehme, harte Konsistenz und duften natürlich köstlich nach Honig. Ich verwende am liebsten honigfarbenes, gereinigtes Bienenwachs, welches ich von einem hiesigen Imker beziehe. Sie können es aber auch in guten Möbelgeschäften kaufen, weil es auch zur Holzpflege verwendet wird. Bienenwachs, das meist in kosmetischen Lotionen und Tinkturen enthalten ist, hat eine weiße Farbe. Sie finden es, meist in Form von Pellets, in einigen Apotheken. Honig wirkt wunderbar belebend und ist reich an Vitaminen. Leider macht er die Seife weich, und wenn Sie zuviel davon verwenden, kann er sich absetzen. Die folgenden Rezepte gehören zu meinen Lieblingsseifen und sind auch in meinem Freundeskreis höchst begehrt.

Seifenkuchen mit Zimt, Honig und Mandeln

Diese Seife sieht wirklich appetitlich aus, besonders, wenn Sie mit einer Plätzchenform Quadrate ausstechen und diese mit Mandelhälften garnieren. Sie können auch mit sechseckigen Formen Bienenwaben nachahmen. Die Mandeln wirken porenöffnend und als natürliches Peelingmittel, machen die Seife jedoch, wenn sie nicht wirklich ganz fein gemahlen sind, relativ grob und rauh.

Eigenschaften der Seife

- ❑ mittelhart bis weich mit feinem, cremigem Schaum
- ❑ aromatisch

510 g Pflanzenfett
170 g Olivenöl
170 g Kokosöl
42 g Bienenwachs
397 g destilliertes oder entmineralisiertes Wasser
142 g Natronlaugeplätzchen
1 Eßlöffel (15 g) fein gemahlene Mandeln
1 Eßlöffel (15 g) Zimtpulver
57 g süßes Mandelöl
je 2 Teelöffel (10 g) ätherisches Ylang-Ylang-Öl und Muskatöl
1 Teelöffel (5 g) Benzoeharz
1 Eßlöffel (15 g) Honig
1 Eßlöffel (15 g) Mandelhälften (nur zur Dekoration)

Fetten Sie eine flache quadratische oder rechteckige Form ein. Erhitzen Sie Fett und Basisöle mit dem Bienenwachs auf kleiner Flamme in einem rostfreien Stahl- oder Emailletopf. Gießen Sie das Wasser in eine Schüssel bzw. einen Krug aus feuerfestem Glas oder Kunststoff. Mit Gummihandschuhen und Schutzbrille rühren Sie nun die Natronlaugeplätzchen in das Wasser, bis diese sich aufgelöst haben. Sobald die Fette geschmolzen sind, nehmen Sie den Topf von der Kochplatte.

Legen Sie ein Zuckerthermometer in das Öl und eines in die Natronlauge. Wenn beide etwa die gleiche Temperatur zwischen 49 und 60 °C anzeigen, gießen Sie die Natronlauge in das Öl (siehe S. 31 bis 32). Rühren Sie gelegentlich um, bis die Mischung nach etwa 20 Minuten angedickt ist.

Streuen Sie die gemahlenen Mandeln und den Zimt in die Masse, und rühren Sie gut um. Geben Sie das Mandelöl und die ätherischen Öle zusammen mit dem Benzoeharz und dem Honig hinzu. Nun wird wieder gut umgerührt. Gießen Sie die Seife anschließend sofort in die Form, und decken Sie diese mit einem Handtuch oder einer Decke ab. Lassen Sie die Seife 24 Stunden, oder bis sie eine feste Konsistenz hat, trocknen. Mit Gummihandschuhen werden zum Schluß die Mandeln in die Oberfläche gedrückt und die Seifenstücke mit der Plätzchenform ausgestochen. Lassen Sie die Seife abgedeckt vier Wochen lang ausreifen.

Scheuerseife mit Bienenwachs, Honig und Hafer

Mit diesem herrlich rauhen »Seifenschrubber« fühlen Sie sich wirklich blitzsauber. Ich habe diese Seife schon für sich allein gekocht oder auch eine andere Seife auf einer Seite mit einer solchen Kratzschicht überzogen. Geben Sie nach Belieben Hafermehl hinzu. Als Aroma bevorzuge ich ätherisches Orangenöl. Dieses Aroma läßt sich noch verfeinern, indem ein Teil des Hafermehls durch fein gemahlene getrocknete Orangenschale ersetzt wird.

Eigenschaften der Seife

- ❑ kratzig mit großen Seifenblasen
- ❑ gut für alle Hauttypen

283 g Pflanzenfett
340 g Olivenöl
283 g Kokosöl
57 g Bienenwachs
312 g destilliertes oder entmineralisiertes Wasser
142 g Natronlaugeplätzchen
57 g mittelgrobes Hafermehl
2 Eßlöffel (30 g) Honig
je 1 Eßlöffel (15 g) ätherische Öle von Orange und Muskatellersalbei

Fetten Sie eine flache quadratische oder rechteckige Form ein. Erhitzen Sie Fett und Basisöle mit dem Bienenwachs auf kleiner Flamme in einem rostfreien Stahl- oder Emailletopf. Gießen Sie das Wasser in eine Schüssel bzw. einen Krug aus feuerfestem Glas oder Kunststoff. Mit Gummihandschuhen und Schutzbrille rühren Sie die Natronlaugeplätzchen in das Wasser, bis sie sich aufgelöst haben. Sobald die Fette geschmolzen sind, nehmen Sie den Topf von der Kochplatte.

Legen Sie ein Zuckerthermometer in das Öl und eines in die Natronlauge. Wenn beide etwa die gleiche Temperatur zwischen 49 und 60 °C anzeigen, gießen Sie die Natronlauge in das Öl (siehe S. 31 bis 32). Rühren Sie gelegentlich um, bis die Mischung nach etwa 35 Minuten andickt.

Streuen Sie nun das Hafermehl unter kräftigem Rühren hinein. Geben Sie dann den Honig und die ätherischen Öle dazu, und rühren Sie wieder gut um. Gießen Sie die Masse sofort in die Form, und decken Sie diese mit einem Handtuch oder einer Decke ab. Lassen Sie die Seife 24 Stunden, oder bis sie eine feste Konsistenz hat, trocknen. Mit Gummihandschuhen wird die Seife anschließend aus der Form gelöst und in Stücke geschnitten. Lassen Sie die Seife vier Wochen abgedeckt ausreifen.

Honigblüte

Dies ist eine herrliche, milde Seife ohne künstliche Farbstoffe. Der Duft wird durch Bienenwachs und Honig erzeugt. Eine perfekte Komposition ist eine Schichtseife aus dieser Seife und der oben beschriebenen Scheuerseife mit Bienenwachs, Honig und Hafer. Versuchen Sie, einen Mandelöl-Aufguß mit Ihren Lieblingsblüten herzustellen, bevor Sie die Seife kochen (siehe hierzu S. 20 bis 23).

Eigenschaften der Seife

- ❑ hart mit großen Seifenblasen
- ❑ cremige Textur
- ❑ gut für alle Hauttypen

425 g Pflanzenfett
283 g süßes Mandelöl
198 g Olivenöl
57 g weißes Bienenwachs
283 g destilliertes oder entmineralisiertes Wasser
142 g Natronlaugeplätzchen
2 Eßlöffel (30 g) Honig

Fetten Sie eine flache quadratische oder rechteckige Form ein. Erhitzen Sie die Fette und Basisöle mit dem Bienenwachs auf kleiner Flamme in einem rostfreien Stahl- oder Emailletopf. Gießen Sie das Wasser in eine Schüssel bzw. einen Krug aus feuerfestem Glas oder Kunststoff. Mit Gummihandschuhen und Schutzbrille rühren Sie nun die Natronlaugeplätzchen in das Wasser, bis sie sich aufgelöst haben. Sobald die Fette geschmolzen sind, nehmen Sie den Topf von der Kochplatte.

Legen Sie ein Zuckerthermometer in das Fett und eines in die Natronlauge. Wenn beide etwa die gleiche Temperatur zwischen 49 und 60 °C anzeigen, gießen Sie die Natronlauge in das Fett (siehe S. 31 bis 32). Rühren Sie gelegentlich um, bis die Mischung nach etwa 20 Minuten den Tropfpunkt erreicht hat.

Geben Sie nun unter kräftigem Rühren den Honig hinzu. Gießen Sie die Masse sofort in die Form, und decken Sie diese mit einem Handtuch oder einer Decke ab. Lassen Sie die Seife 24 Stunden, oder bis sie fest geworden ist, trocknen. Mit Gummihandschuhen lösen Sie nun die Seife aus der Form, und schneiden Sie diese in Stücke. Die Seife bleibt abgedeckt vier Wochen lang liegen, bis sie ausgereift ist.

Zum Herstellen einer Hafer-Honigblüten-Schichtseife füllen Sie die Form nur zur Hälfte mit der Honigblütenseife. Stellen Sie die Seife, ohne sie aus der Form zu holen, mindestens eine Woche lang beiseite. Kochen Sie erst dann, wie beschrieben, die Scheuerseife mit Bienenwachs, Honig und Hafer, und gießen Sie diese Mischung bis zum Formrand über die Honigblütenseife. Lassen Sie alles 48 Stunden trocknen, und lösen Sie die Seife dann aus der Form. Nun kann die Seife in Stücke geschnitten werden, auch die Schnittkanten können Sie glätten. Lassen Sie die fertigen Seifenstücke vor der Benutzung vier Wochen lang zugedeckt reifen.

Kräuter- und Gewürzseifen

Kräuterseifen haben eine interessante Konsistenz und wirken natürlich und gesund. Sie können die Kräuter in Form von ätherischen Ölen hinzugeben oder nach dem Andicken getrocknete Kräuter einstreuen. Sie können aber auch aus einem der Basisöle einen Kräuteraufguß herstellen (Näheres hierzu siehe S. 20 bis 23). Außerdem können Sie fein gehackte frische Kräuter, die allerdings ihre reine, grüne Farbe sehr schnell verlieren, dem Wasser beimischen. Gewürzpulver wirken als natürliche Farbstoffe (siehe »Seifen färben«, S. 26 bis 27), und manche Kompositionen aus ihren ätherischen Ölen ergeben ein sehr klares, warmes Aroma.

Rosa Marmorseife

Diese Seife hat eine herrlich glatte, glänzende Konsistenz. Ihr Fleckenmuster erinnert stark an Marmor. Ich bin mit den Gewürzen nicht gerade sparsam umgegangen; mit reichlich Ingwer- und Kardamom-Öl sowie einem Hauch von roter Oxidfarbe.

Eigenschaften der Seife

- ❑ hart und ergiebig, schäumt schnell mit großen Seifenblasen
- ❑ warmes Aroma
- ❑ nicht zu empfehlen für empfindliche Haut

340 g Rindertalg
227 g Palmöl
227 g Kokosöl
113 g Olivenöl
397 g destilliertes oder entmineralisiertes Wasser
142 g Natronlaugeplätzchen
1 Teelöffel (5 g) verdünnte rote Oxidfarbe (siehe S. 26 bis 27)
2 Teelöffel (10 g) ätherisches Ingweröl
1 Teelöffel (5 g) ätherisches Kardamomöl

Fetten Sie eine flache quadratische oder rechteckige Form ein. Erhitzen Sie Fett und Basisöle auf kleiner Flamme in einem rostfreien Stahl- oder Emailletopf. Gießen Sie das Wasser in eine Schüssel bzw. einen Krug aus feuerfestem Glas oder Kunststoff. Mit Gummihandschuhen und Schutzbrille rühren Sie die Natronlaugeplätzchen in das Wasser, bis sie sich aufgelöst haben. Sobald die Fette geschmolzen sind, nehmen Sie den Topf von der Kochplatte.

Legen Sie ein Zuckerthermometer in das Öl und eines in die Natronlauge. Wenn beide etwa die gleiche Temperatur zwischen 49 und 60 °C anzeigen, gießen Sie die Natronlauge in das Öl (siehe S. 31 bis 32). Rühren Sie gelegentlich um, bis die Masse nach etwa 20 Minuten angedickt ist.

Geben Sie nun unter kräftigem Rühren den Farbstoff und die ätherischen Öle hinzu. Gießen Sie die Seife sofort in die Form, und decken Sie diese mit einem Handtuch oder einer Decke ab. Lassen Sie die Seife 24 Stunden, oder bis sie eine feste Konsistenz hat, trocknen. Lösen Sie diese dann mit Gummihandschuhen aus der Form. Nun kann die Seife in Stücke geschnitten werden. Anschließend muß sie noch abgedeckt vier Wochen lang ausreifen.

Scheuerseife mit Hafer und Zitronenbalsam

Dies ist eine äußerst belebende Seife mit rauher Oberfläche und frischem Aroma. Die rauhe Beschaffenheit habe ich mit Hafermehl erzielt. Sie können diese Wirkung aber zusätzlich noch mit einer Handvoll getrocknetem Zitronenbalsam verstärken.

Eigenschaften der Seife

❑ mittelhart bis weich mit rauher Konsistenz
❑ mittelgroße Seifenblasen

680 g Pflanzenfett
227 g Kokosöl
57 g Bienenwachs
312 g destilliertes oder entmineralisiertes Wasser
142 g Natronlaugeplätzchen
85 g Hafermehl oder eine Mischung aus Hafermehl und getrocknetem Zitronenbalsam
1 Teelöffel (5 g) verdünntes Ultramarinpulver (siehe »Seifen färben«, S. 26 bis 27)
1 Eßlöffel (15 g) ätherisches Muskatellersalbei-Öl
2 Teelöffel (10 g) ätherisches Zitronenöl

Fetten Sie eine flache quadratische oder rechteckige Form ein. Erhitzen Sie Fett, Öle und Bienenwachs auf kleiner Flamme in einem rostfreien Stahl- oder Emailletopf. Gießen Sie das Wasser in eine Schüssel bzw. einen Krug aus feuerfestem Glas oder Kunststoff. Mit Gummihandschuhen und Schutzbrille rühren Sie nun die Natronlaugeplätzchen in das Wasser, bis sie sich aufgelöst haben. Sobald die Fette geschmolzen sind, nehmen Sie das Öl von der Kochplatte. Legen Sie ein Zuckerthermometer in das Öl und eines in die

Scheuerseife mit Hafer- und Zitronenbalsam (oben), Kamillenteeseife (unten).

Natronlauge. Wenn beide etwa die gleiche Temperatur zwischen 49 und 60 °C anzeigen, gießen Sie die Natronlauge in das Öl. Rühren Sie gelegentlich um, bis die Masse nach etwa 30 Minuten andickt.

Geben Sie nun unter kräftigem Rühren das Hafermehl oder die Mischung aus Hafermehl und Zitronenbalsam, zusammen mit dem Ultramarin und den ätherischen Ölen hinzu. Gießen Sie die fertige Masse sofort in die Form, und decken Sie diese mit einem Handtuch oder einer Decke ab. Lassen Sie die Seife 24 Stunden, oder bis sie eine feste Konsistenz hat, trocknen. Lösen Sie diese dann mit Gummihandschuhen aus der Form. Nun kann die Seife in Stücke geschnitten werden. Anschließend muß sie noch abgedeckt vier Wochen ausreifen.

Kamillenteeseife

Die Geschäfte sind voll von zahllosen herrlichen Früchte- oder Kräutertees. Damit können Sie auch in Ihrer Seife erstaunliche Wirkungen erzielen. Diese Kamillenseife ist auch eine ideale Shampooseife, besonders für blondes Haar.

Brennesselseife

Eigenschaften der Seife

- ❑ mittelhart mit großen Seifenblasen
- ❑ cremiger Schaum
- ❑ gut für alle Hauttypen

425 g destilliertes oder entmineralisiertes Wasser
2 Beutel Kamillentee
510 g Kokosöl
227 g Olivenöl
170 g süßes Mandelöl
156 g Natronlaugeplätzchen
2 Teelöffel (10 g) ätherisches Kamillenöl
1 Teelöffel (5 g) ätherisches Zitronellgrasöl

Fetten Sie eine flache quadratische oder rechteckige Form ein. Kochen Sie das Wasser, und gießen Sie es in ein Glas oder einen Emaillekrug. Geben Sie die Teebeutel hinein. Decken Sie den Tee mit einem Deckel ab, und lassen Sie ihn abkühlen.

Erhitzen Sie die Basisöle auf kleiner Flamme in einem rostfreien Stahl- oder Emailletopf. Holen Sie die Teebeutel aus dem Wasser, und rühren Sie mit Gummihandschuhen und Schutzbrille die Natronlaugeplätzchen in den kalten Tee, bis sie sich aufgelöst haben. Sobald die Fette geschmolzen sind, nehmen Sie das Öl von der Kochplatte.

Legen Sie ein Zuckerthermometer in das Öl und eines in die Natronlauge. Wenn beide etwa die gleiche Temperatur zwischen 49 und 60 °C anzeigen, gießen Sie die Natronlauge in das Öl (siehe S. 31 bis 32). Rühren Sie gelegentlich um, bis die Mischung andickt. Dies kann bis zu 2 Stunden dauern.

Öffnen Sie nun die beiden Teebeutel, und streuen Sie die Teeblätter in die Masse. Geben Sie dann die ätherischen Öle hinzu, und rühren Sie kräftig um. Die Masse muß nun sofort in die Form gegossen und mit einem Handtuch oder einer Decke abgedeckt werden. Lassen Sie die Seife 24 Stunden, oder bis sie eine feste Konsistenz hat, trocknen. Lösen Sie diese dann mit Gummihandschuhen aus der Form. Nun kann die Seife in Stücke geschnitten werden. Anschließend muß sie abgedeckt noch vier Wochen ausreifen.

Tip

Sauerampferblätter gelten als wirksames Mittel gegen Brennnesselstiche. Doch auch der Saft der Brennesselpflanze selbst lindert den Schmerz. Brennesselblätter sind ein bekömmlicher Ersatz für Spinat. Außerdem wird aus ihnen häufig Chlorophyll gewonnen. Flüssiges Chlorophyll ist ein natürlicher grüner Farbstoff für Ihre Seife.

Brennesselseife

Brennesselblätter haben stimulierende und adstringierende Eigenschaften. Zudem wirkt Brennesseltee wohltuend, wenn er auf Schnitt- und Brandwunden aufgetragen wird. Als Shampoo verwendet, soll die Seife gegen Haarausfall wirken.

Eigenschaften der Seife

- ❑ weich mit cremigem Schaum
- ❑ adstringierende und antiseptische Wirkung
- ❑ gutes Shampoo

623 g Olivenöl
113 g süßes Mandelöl
113 g Rizinusöl
28 g Aprikosenöl
57 g weißes Bienenwachs
283 g destilliertes oder entmineralisiertes Wasser
2 Tassen voll junger Brennesselblätter (mit Handschuhen pflücken)
113 g Natronlaugeplätzchen
14 g Weizenkeimöl
2 Teelöffel (10 g) ätherisches Teebaumöl
1 Teelöffel (5 g) ätherisches Rosmarinöl

Fetten Sie eine flache quadratische oder rechteckige Form ein. Erhitzen Sie die vier Basisöle zusammen mit dem Bienenwachs auf kleiner Flamme in einem rostfreien Stahl- oder Emailletopf. Gießen Sie das Wasser über die Brennesselblätter, passieren Sie dies in einem Mixer, und gießen Sie die Brennessellösung anschließend in eine Schüssel bzw. einen Krug aus feuerfestem Glas oder Kunststoff. Tragen Sie Gummihandschuhe und Schutzbrille, wenn Sie nun die Natronlaugeplätzchen einrühren, bis sie sich aufgelöst haben. Sobald das Bienenwachs geschmolzen ist, nehmen Sie das Öl von der Kochplatte.

Legen Sie ein Zuckerthermometer in das Öl und eines in die Natronlauge. Wenn beide etwa die gleiche Temperatur zwischen 49 und 60 °C anzeigen, gießen Sie die Natronlauge in das Öl (siehe S. 31 bis 32). Rühren Sie gelegentlich um, bis die Masse nach etwa 50 Minuten andickt.

Geben Sie nun unter kräftigem Rühren das Weizenkeimöl und die ätherischen Öle hinzu. Gießen Sie die Masse sofort in die Form, und decken Sie diese mit einem Handtuch oder einer Decke ab. Lassen Sie die Seife 24 Stunden, oder bis sie eine feste Konsistenz hat, trocknen. Lösen Sie diese dann mit Gummihandschuhen aus der Form. Nun kann die Seife in Stücke geschnitten werden. Anschließend muß sie abgedeckt noch vier Wochen ausreifen.

Milch seifen

Die Vorstellung, in Milch zu baden, umgibt etwas herrlich Dekadentes, und tatsächlich erhalten Sie mit Milch genau die wunderbar cremigen Seifen, die Sie erwarten. Ich habe sehr gute Erfahrungen mit Ziegenmilch gemacht, obwohl viele Seifenkocher damit Probleme haben. Zum einen erzeugt Ziegenmilch eine kräftige Honigfarbe (fast schon orange), so daß Sie Ziegenmilch meiden sollten, wenn Sie noch Farbstoffe verwenden wollen. Zweitens neigt sie zur Gerinnung. Um dies zu vermeiden, erwärmen Sie die Milch auf etwas mehr als Raumtemperatur. Geben Sie dann die Milch in das Wasser und erst danach die Natronlaugeplätzchen. Sollte die Milch noch immer gerinnen, rühren Sie die Seife kräftig mit einem elektrischen Mixer durch, bis sie glatt wird. Gießen Sie die Mischung dann wie gewohnt in die Formen. Trockenmilch kann als Ersatz für Frischmilch verwendet werden. Dagegen kann frische Kuhmilch Probleme bereiten und mit einer stark nach Ammoniak riechenden Brühe enden. Eier sind, wie wir alle wissen, reich an Proteinen und ein wertvoller Zusatz in Seifen und Shampoos.

Pochierte Eierseife

Der Name entstand dadurch, daß ich Mikrowellenschüsseln zum Pochieren von Eiern als Formen benutzt habe. Parfümiert habe ich diese Seife mit Bernstein-Parfümöl, welches einen warmen, sinnlichen Unterton erzeugt. Sie können auch etwas gelbe Seifenfarbe beimischen, um die Wirkung perfekt zu machen. Ohne Farbstoff erhalten Sie eine cremeweiß gefleckte Seife.

Eigenschaften der Seife

- ❑ mittelhart bis hart mit großen Seifenblasen
- ❑ interessante körnige Textur
- ❑ gut für alle Hauttypen, aber verzichten Sie lieber auf Parfümierung, wenn Sie eine empfindliche Haut haben

255 g Olivenöl
3 Eidotter
340 g Kokosöl
340 g Pflanzenfett
410 g destilliertes oder entmineralisiertes Wasser
142 g Natronlaugeplätzchen
1 Eßlöffel (15 g) Vitamin-E-Öl
2 Teelöffel (10 g) Bernstein-Parfümöl

Fetten Sie die Innenseite Ihrer Einzel- oder Sammelform ein. Schlagen Sie das Eigelb in 28 g des Olivenöls. Erhitzen Sie die übrigen Basisöle und das Fett auf kleiner Flamme in einem rostfreien Stahl- oder Emailletopf. Gießen Sie das Wasser in eine Schüssel bzw. einen Krug aus feuerfestem Glas oder Kunststoff. Mit Gummihandschuhen und Schutzbrille rühren Sie nun die Natronlaugeplätzchen in das Wasser, bis sie sich aufgelöst haben. Sobald das Fett geschmolzen ist, nehmen Sie das Öl von der Kochplatte.

Legen Sie ein Zuckerthermometer in das Öl und eines in die Natronlauge. Wenn beide etwa die gleiche Temperatur zwischen 49 und 60 °C anzeigen, gießen Sie die Natronlauge in das Öl. Rühren Sie gelegentlich um, bis die Mischung nach etwa 35 Minuten fertig angedickt ist.

Schlagen Sie nun die Eigelb-Olivenöl-Mischung nach und nach darunter, und geben Sie dann unter kräftigem Rühren das Vitamin-E-Öl und das Parfümöl dazu. Gießen Sie die Masse sofort in die Form, und decken Sie diese mit einem Handtuch oder einer Decke ab. Lassen Sie die Seife 24 Stunden, oder bis sie fest geworden ist, trocknen. Lösen Sie diese dann mit Gummihandschuhen aus der Form. Nun kann die Seife in Stücke geschnitten werden. Anschließend muß sie abgedeckt noch vier Wochen ausreifen.

Milchschokoladenseife (oben links), Ziegenmilch und Ylang-Ylang (oben rechts).

Milchschokoladenseife

Schokoladenseife ist zwar eine lustige Idee, sollte jedoch stets von Kindern ferngehalten werden oder diese enden unweigerlich mit dem Mund voll Schaum. Von der verwendeten Schokoladenmenge hängt sowohl der Duft als auch der Farbton der Seife ab, und dies will ich Ihnen überlassen. Ich habe hier mit 14 g Vollmilch-Blockschokolade eine milchig-beige Farbe erzielt.

Eigenschaften der Seife

❑ hart mit großen Seifenblasen
❑ cremige Konsistenz

340 g Pflanzenfett
227 g Rindertalg
340 Kokosöl
14 g Vollmilch-Blockschokolade
283 g destilliertes oder entmineralisiertes Wasser
127 g Ziegenmilch
142 g Natronlaugeplätzchen

Fetten Sie die Form ein, und erhitzen Sie die Basisöle und Fette zusammen mit der Schokolade auf kleiner Flamme in einem rostfreien Stahl- oder Emailletopf. Gießen Sie das Wasser mit der Milch in eine Schüssel bzw. einen Krug aus feuerfestem Glas oder Kunststoff. Mit Gummihandschuhen und Schutzbrille rühren Sie nun die Natronlaugeplätzchen in die Flüssigkeit, bis sie sich aufgelöst haben. Sobald die Fette geschmolzen sind, nehmen Sie den Topf von der Kochplatte.

Legen Sie ein Zuckerthermometer in das Öl und eines in die Natronlauge. Wenn beide etwa die gleiche Temperatur zwischen 49 und 60 °C anzeigen, gießen Sie die Natronlauge in das Öl (siehe S. 31 bis 32). Rühren Sie gelegentlich um, bis nach etwa 40 Minuten die Mischung angedickt ist.

Gießen Sie die Masse sofort in die Form, und decken Sie diese mit einem Handtuch oder einer Decke ab. Lassen Sie die Seife 24 Stunden, oder bis sie fest geworden ist, trocknen. Lösen Sie diese dann mit Gummihandschuhen aus der Form. Nun kann die Seife in Stücke geschnitten werden. Anschließend muß sie abgedeckt noch vier Wochen ausreifen.

Ziegenmilch und Ylang-Ylang

Dies ist eine meiner Lieblingsseifen. Sie ist herrlich cremig, und ich liebe das erfrischende Aroma von Ylang-Ylang. Obwohl sie nur schwach schäumt, macht sie Ihre Haut wunderbar weich und glatt. Versuchen Sie es einmal!

Eigenschaften der Seife

❑ mittelhart bis weich mit feinem Schaum
❑ cremige Konsistenz

227 g Pflanzenfett
340 g Olivenöl
340 g Sonnenblumenöl
57 g Bienenwachs
283 g frische Ziegenmilch
127 g Natronlaugeplätzchen
1 Eßlöffel (15 g) ätherisches Ylang-Ylang-Öl

Fetten Sie die Form ein, und erhitzen Sie die Basisöle, Fette und das Bienenwachs auf kleiner Flamme in einem rostfreien Stahl- oder Emailletopf. Gießen Sie die Milch in eine Schüssel bzw. einen Krug aus feuerfestem Glas oder Kunststoff. Rühren Sie die Natronlaugeplätzchen in die Milch, bis sie sich aufgelöst haben (Schutzbrille und Gummihandschuhe tragen). Sobald das Fett geschmolzen ist, nehmen Sie den Topf von der Kochplatte.

Legen Sie ein Zuckerthermometer in das Öl und eines in die Natronlauge. Sobald beide etwa die gleiche Temperatur zwischen 49 und 60 °C anzeigen, gießen Sie die Natronlauge in das Öl (siehe S. 31 bis 32). Rühren Sie gelegentlich um, bis die Mischung nach etwa 90 Minuten angedickt ist.

Geben Sie nun unter kräftigem Rühren die ätherischen Öle hinzu. Gießen Sie die Seife sofort in die Form, und decken Sie diese mit einem Handtuch oder einer Decke ab. Lassen Sie die Seife 24 Stunden, oder bis sie fest geworden ist, trocknen. Lösen Sie diese dann mit Gummihandschuhen aus der Form. Nun kann die Seife in Stücke geschnitten werden. Anschließend muß sie abgedeckt noch vier Wochen ausreifen.

Bei den alten Römern gehörte ein Bad in Eselsmilch zur Toilette einer feinen Dame, da dies die vornehme Blässe der Haut erzeugt. Anschließend wurde das blasse Gesicht mit Emaille erfrischt. Die Augenlider wurden gefärbt, indem die Haut mit einer in Farbe getauchten Nadel punktiert wurde.

Olivenöl seifen

Olivenölseife, die wahrscheinlich feinste Seife, die Sie kaufen oder selbermachen können, besteht, wie der Name schon sagt, fast vollständig aus Olivenöl. Sie stammt ursprünglich aus dem spanischen Kastilien, einer Region geprägt durch Sonne und eine reiche Olivenernte. Planen Sie also am besten einfach häufige Spanienurlaube, wenn Sie die folgenden Rezepte reizen. Olivenöl wird in mehreren Qualitätsstufen angeboten. Kaltgepreßtes, natives Olivenöl (»extra vergine«) ist das Ergebnis der ersten Pressung und damit die reinste Qualität, die Sie kaufen können. Gewöhnliches, etwas preisgünstigeres Olivenöl stammt aus der zweiten Pressung und enthält einen bestimmten Anteil an Schleimbestandteilen. Die dritte Pressung enthält dann einen hohen Anteil an Schleim- und Faserstoffen. Olivenöl ist meist teuer, und die Preise ändern sich von Jahr zu Jahr, je nachdem, wie gut die Ernte ausfällt. Zum Glück – für uns Seifenkocher ist das billigste Öl für den Verseifungsprozeß am günstigsten.

Majoran und Fenchel

Dies ist eine schöne weiße Seife mit einem hohen Anteil Olivenöl und dem würzigen Duft von Majoran und Fenchel. Als Form habe ich eine dünne Plastikschale verwendet, in der kleine Töpfchen mit Schokopudding angeboten wurden.

Eigenschaften der Seife

- ❑ hart und wachsartig mit großen Seifenblasen
- ❑ ergiebiger, cremiger Schaum
- ❑ rückfettend

680 g Olivenöl
227 g Palmöl
57 g weißes Bienenwachs
283 g destilliertes oder entmineralisiertes Wasser
142 g Natronlaugeplätzchen
1 Eßlöffel (15 g) Avocadoöl
2 Teelöffel (10 g) ätherisches Majoranöl
1 Teelöffel (5 g) ätherisches Fenchelöl

Fetten Sie einige runde Formen ein. Erhitzen Sie die Basisöle mit dem Bienenwachs auf kleiner Flamme in einem rostfreien Stahl- oder Emailletopf. Gießen Sie das Wasser in eine Schüssel bzw. einen Krug aus feuerfestem Glas oder Kunststoff. Mit Gummihandschuhen und Schutzbrille rühren Sie die Natronlaugeplätzchen in das Wasser. Wenn das Wachs geschmolzen ist, nehmen Sie das Öl von der Kochplatte.

Kastilischer Traum (oben), Oliven mit Seetang und Zedern (zweite von oben)

Legen Sie ein Zuckerthermometer in das Öl und eines in die Natronlauge. Wenn beide etwa die gleiche Temperatur zwischen 49 und 60 °C anzeigen, gießen Sie die Natronlauge in das Öl (siehe S. 31 bis 32). Rühren Sie gelegentlich um, bis die Mischung nach etwa 40 Minuten angedickt ist.

Geben Sie nun unter kräftigem Rühren die ätherischen Öle und das Avocadoöl hinzu. Gießen Sie die Seife sofort in die Formen, und decken Sie diese mit einem Handtuch oder einer Decke ab. Lassen Sie die Seife etwa 24 Stunden trocknen. Lösen Sie diese dann mit Gummihandschuhen aus den Formen, und glätten Sie die Kanten. Lassen Sie die Seifenstücke abgedeckt vier Wochen lang ausreifen.

Kastilischer Traum

Nun, hier ist sie! Dies ist meine Lieblingsseife, die ich ständig als Shampoo und als reichhaltige, cremige Gesichtsseife benutze. Furchtbar teuer, aber tatsächlich jeden Pfennig wert. Ich halte diese Seife unter Verschluß, da ich mich kaum von einem der kostbaren Stücke trennen mag.

Eigenschaften der Seife

- ❑ hart mit großen, cremigen Seifenblasen
- ❑ rückfettend
- ❑ wunderbare Shampooseife

849 g Olivenöl
57 g Bienenwachs
170 g frische Ziegenmilch
170 g destilliertes oder entmineralisiertes Wasser
113 g Natronlaugeplätzchen
2 Teelöffel (10 g) ätherisches Lorbeeröl
1 Teelöffel (5 g) ätherisches Kiefernöl
1 Teelöffel (5 g) ätherisches Rosenholzöl

Fetten Sie eine flache quadratische oder rechteckige Form ein. Erhitzen Sie das Olivenöl mit dem Bienenwachs auf kleiner Flamme in einem rostfreien Stahl- oder Emailletopf. Erwärmen Sie die Milch auf Raumtemperatur. Gießen Sie die Milch zusammen mit dem Wasser in eine Schüssel bzw. einen Krug aus feuerfestem Glas oder Kunststoff. Mit Gummihandschuhen und Schutzbrille rühren Sie nun die Natronlaugeplätzchen hinein, bis sie sich aufgelöst haben. Sobald das Wachs geschmolzen ist, nehmen Sie den Topf von der Kochplatte.

Legen Sie ein Zuckerthermometer in das Öl und eines in die Natronlauge. Wenn beide etwa die gleiche Temperatur zwischen 49 und 60 °C anzeigen, gießen Sie die Natronlauge in das Öl (siehe S. 31 bis 32). Rühren Sie gelegentlich um, bis die Mischung fertig angedickt ist. Dies dauert ca. 20 Minuten.

Geben Sie nun die ätherischen Öle hinzu, und rühren Sie gut um. Gießen Sie die Seife sofort in die Form, und decken Sie diese mit einem Handtuch oder einer Decke ab. Lassen Sie die Seife 24 Stunden, oder bis sie fest geworden ist, trocknen. Lösen Sie diese dann mit Gummihandschuhen aus der Form. Nun kann die Seife in Stücke geschnitten werden. Anschließend muß sie abgedeckt noch vier Wochen ausreifen.

Oliven mit Seetang & Zedern

Die hübsch gefleckte, glatte Seife enthält pulverisierten Seetang oder Kelp. Diese großen Algen sind reich an Vitaminen und Mineralien. So erhalten Sie in Komposition mit jeder Menge wunderbaren Olivenöls eine herrliche Seife. Ich habe ihr mit Zedernholzöl einen warmen, holzigen Duft verliehen.

Eigenschaften der Seife

- ❑ hart mit ergiebigem, cremigem Schaum
- ❑ gut für alle Hauttypen

849 g Olivenöl
57 g Bienenwachs
283 g destilliertes oder entmineralisiertes Wasser
113 g Natronlaugeplätzchen
1 Eßlöffel (15 g) Seetangpulver
2 Teelöffel (10 g) Zedernholz-Parfümöl
1 Teelöffel (5 g) verdünnte Chromoxidfarbe (grün)

Fetten Sie eine quadratische, rechteckige oder beliebige Form ein. Erhitzen Sie das Öl mit dem Bienenwachs auf kleiner Flamme in einem rostfreien Stahl- oder Emailletopf. Gießen Sie das Wasser in eine Schüssel bzw. einen Krug aus feuerfestem Glas oder Kunststoff. Mit Gummihandschuhen und Schutzbrille werden die Natronlaugeplätzchen eingerührt, bis sie sich aufgelöst haben. Sobald das Wachs geschmolzen ist, nehmen Sie den Topf von der Kochplatte.

Legen Sie ein Zuckerthermometer in das Öl und eines in die Natronlauge. Wenn beide etwa die gleiche Temperatur zwischen 49 und 60 °C anzeigen, gießen Sie die Natronlauge in das Öl. Rühren Sie gelegentlich um, bis die Mischung nach etwa 40 Minuten fertig angedickt ist.

Streuen Sie nun das Seetangpulver in die Masse, geben Sie das Parfümöl und den verdünnten Farbstoff hinzu, und rühren Sie gut um. Gießen Sie die Seife sofort in die Form, und decken Sie diese mit einem Handtuch oder einer Decke ab. Lassen Sie die Seife etwa 24 Stunden trocknen. Lösen Sie diese dann mit Gummihandschuhen aus der Form, und glätten Sie die Kanten. Lassen Sie die fertigen Seifenstücke vor der Benutzung vier Wochen lang zugedeckt reifen.

Glycerin*seifen*

Jeder Seifenkocher träumt davon, eine durchsichtige Seife herzustellen. Doch dies ist leider leichter gesagt als getan. Das beste Ergebnis, das ich bislang erzielt habe, war eine milchig trübe, stark glänzende Seife. Durchsichtige Seifen werden normalerweise auf der Basis eines guten Grundrezeptes und durch Zusatz von Lösungsmitteln hergestellt. Hierzu gehören Zucker, Glycerin und Alkohol. Am besten geeignet für transparente Seife ist reiner, nicht vergällter Alkohol, den man relativ teuer in der Apotheke kaufen kann. Eine etwas billigere Variante ist die Verwendung von dem wie Brennspiritus riechenden, ebenfalls in Apotheken erhältlichen Isopropylalkohol. Auch kosmetisch vergällter Alkohol (erhältlich im Drogeriebedarf) sollte für diesen Zweck verwendbar sein.

Für die Rezepte in diesem Buch habe ich sowohl 41%igen Wodka als auch Whisky verwendet. Doch selbst wenn Sie die gleichen Spirituosen verwenden, ist dies keine Garantie für perfekte Ergebnisse. Meine Seifen sind hier abgebildet, aber ich benötigte zwei Flaschen Wodka und eine Flasche Whisky, bevor die Ergebnisse so zufriedenstellend waren, daß ich Sie Ihnen präsentieren kann.

Im folgenden finden Sie mein Rezept. Für diejenigen, die hier weiter experimentieren wollen, empfehle ich ein – allerdings englischsprachiges – Buch, welches sich ausschließlich mit dem Thema transparenter Seifen befaßt (siehe »Weiterführende Literatur«, S. 79).

Sind Sie mehr an dem Ergebnis als am eigenständigen Seifenkochen interessiert, können Sie bei einigen Fachhändlern auch die fertigen Zutaten für transparente Glycerinseife kaufen – ich habe meine blauen Engel (Vorderseite) auf diese Weise hergestellt. Die Methode ist denkbar einfach. Sie schmelzen die Seifenzutaten ein, fügen Farbstoffe und/oder Parfümstoffe hinzu und gießen die Masse in die Form. Die Kosten sind minimal, besonders verglichen mit dem Preis von Whisky – und Sie haben die Chance, Ihre Seifenküche nüchtern und aufrecht zu verlassen.

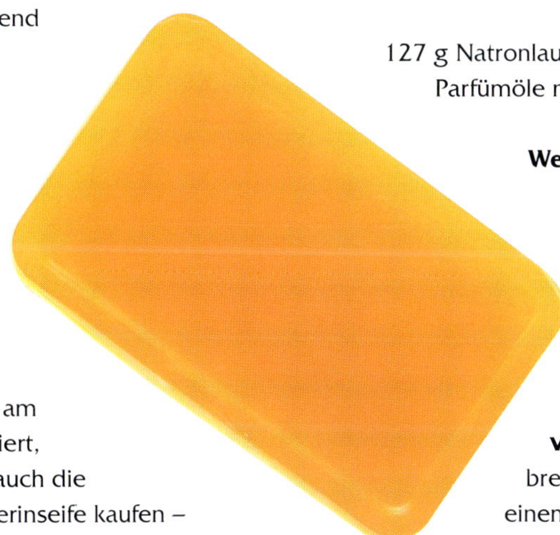

Glycerinseife

Grundrezept

397 g Rindertalg
227 g Kokosöl
170 g Olivenöl
113 g Rizinusöl
312 g destilliertes oder entmineralisiertes Wasser
127 g Natronlaugeplätzchen
Parfümöle nach Belieben

Weitere Zutaten für transparente Seife

57 g Kristallzucker
85 g destilliertes oder entmineralisiertes Wasser
57 g Glycerin
113 g Whisky oder Wodka
Wachsfarben und Parfümöle

VORSICHT: Alkohol ist extrem leicht brennbar. Arbeiten Sie deshalb stets mit einem Elektroherd und keinesfalls mit Gas, und halten Sie einen Feuerlöscher oder einige feuchte Handtücher bereit.

Verarbeiten Sie die Zutaten des Grundrezeptes, indem Sie Fett und Öle auf kleiner Flamme in einem rostfreien Stahl- oder Emailletopf erhitzen. Gießen Sie das Wasser in eine Schüssel bzw. einen Krug aus feuerfestem Glas oder Kunststoff.

Wiegen Sie 227 g Seifenspäne ab. Erhitzen Sie diese im Wasserbad, und halten Sie dessen Temperatur im weiteren Verlauf konstant. Füllen Sie bei Bedarf verkochtes Wasser nach. Geben Sie 57 g des Wassers von der zweiten Zutatenliste zusammen mit dem Glycerin zu den Seifenspänen dazu.

Decken Sie die Schüssel ab, und lassen Sie die Seife schmelzen, indem Sie die Späne von Zeit zu Zeit mit einem Löffel herunterdrücken – vorsichtig, damit kein Schaum entsteht. Nach etwa 45 Minuten geliert die Seife. Erhitzen Sie nun das übrige Wasser, und gießen Sie es in den Zuckertopf. Rühren Sie, bis sich der Zucker aufgelöst hat. Geben Sie dann den Alkohol in die Seifenmasse, und decken Sie diese ab. Rühren Sie gelegentlich vorsichtig um, doch lassen Sie den Topf möglichst zugedeckt, um das Verdampfen der Flüssigkeit zu vermeiden. Nach 10 Minuten rühren Sie die Zuckerlösung unter die Seife mit dem Alkohol. Dadurch erhält die Seife allmählich sirupartige Konsistenz. Dies kann bis zu 45 Minuten dauern. Schneiden Sie von den Wachsfarbflocken mit einem scharfen Messer kleinere Stückchen ab, und geben Sie diese in die Seifenmischung. Für diese Seifenmenge brauchen Sie nur ganz wenig Wachsfarbe. Geben Sie nach Belieben noch einige Tropfen Parfümöl oder ätherische Öle hinzu. Rühren Sie vorsichtig um, bis die Wachsstückchen vollständig aufgelöst sind.

Mit Gummihandschuhen und Schutzbrille rühren Sie nun die Natronlaugeplätzchen in das Wasser, bis sie sich aufgelöst haben. Sobald das Fett geschmolzen ist, nehmen Sie das Öl von der Kochplatte.

Legen Sie ein Zuckerthermometer in das Öl und eines in die Natronlauge. Wenn beide etwa die gleiche Temperatur zwischen 49 und 60 °C anzeigen, gießen Sie die Natronlauge in das Öl (siehe S. 31 bis 32). Rühren Sie gelegentlich um, bis die Mischung nach etwa 25 Minuten fertig angedickt ist.

Geben Sie nun das Parfümöl hinzu, und rühren Sie gut um. Gießen Sie die Seife sofort in die Form, und decken Sie diese mit einem Handtuch oder einer Decke ab. Lassen Sie die Seife 24 Stunden, oder bis sie fest geworden ist, trocknen. Lösen Sie diese dann mit Gummihandschuhen aus der Form. Nun kann die Seife in Stücke geschnitten werden. Anschließend muß sie abgedeckt noch zwei Wochen reifen.

Stellen Sie den Zucker in einem Topf bereit. Raspeln Sie die Seife dann mit einer Käsereibe so fein wie möglich.

Sobald die Seifenmasse ganz flüssig geworden ist, gießen Sie diese Masse durch ein Sieb in die Formen. Stellen Sie die Formen sofort in den Gefrierschrank, und lassen Sie die Seife eine Stunde trocknen. Danach wird die Seife wieder herausgeholt und mit Gummihandschuhen aus den Formen gelöst. Lassen Sie die Seifenstücke vor der Benutzung noch zwei Wochen reifen.

Fertige Glycerinseife

Wenn Sie bereits fertige Glycerinseife verwenden wollen, schmelzen Sie diese einfach im Wasserbad. Das dauert etwa 5 bis 10 Minuten. Rühren Sie dann die Farbstoffe (Wachsflocken, Lebensmittel- oder Seifenfarbe) sowie einige Tropfen Parfümöl hinein. Gießen Sie die geschmolzene Seife direkt in die Form. Lassen Sie die Seife über Nacht trocknen, dann kann sie aus der Form gelöst werden. Diese Seife können Sie sofort benutzen.

Cremige Kokosseifen

Nach meiner Meinung ergeben sich bei Verwendung von Kokosöl die besten Seifen. Manch einer vertritt auch die Meinung, daß sie die Haut etwas austrocknen, doch alle Seifen, die ich mit diesem Öl gemacht habe, schäumten mit großen, cremigen Seifenblasen und haben meiner empfindlichen Haut sicher nicht geschadet. Reine Kokosseifen sind ideal für den Strandurlaub, da dies das einzige Seifenöl ist, welches auch in Salzwasser schäumt. Sie können im einfachsten Fall 454 g reine Kokosölseife aus 454 g Kokosöl, 85 g Natronlaugeplätzchen und 247 g destilliertem oder entmineralisiertem Wasser herstellen, doch das Ergebnis ist eine etwas körnig aussehende Seife. In den folgenden Rezepten habe ich die Öle so aufeinander abgestimmt, daß ziemlich sanfte Seifen entstehen. Ich hoffe, Sie finden auch Ihr Gefallen.

Kokoseisseife

Diese Seife müssen Sie unbedingt von Kindern fernhalten, da sie tatsächlich ihrem Namen alle Ehre macht und daher schnell mit einem Mund voll Schaum und einer lebenslangen Abneigung gegen Kokosnüsse endet. Die Vorbereitung ist ziemlich zeitintensiv, doch Sie werden sehen, daß das wunderbare Ergebnis den Aufwand durchaus lohnt.

Eigenschaften der Seife

- ❏ gute antiseptischeWirkung
- ❏ ideal für fettige Haut
- ❏ hart mit großen Seifenblasen

312 g Pflanzenfett
594 g Kokosöl
446 g destilliertes oder entmineralisiertes Wasser
156 g Natronlaugeplätzchen
2 Teelöffel (10 g) ätherisches Geranienöl
2 Teelöffel (10 g) Rosen-Parfümöl
2 Teelöffel (10 g) verdünnte Kosmetikfarbe

Die erste Charge enthält keinen Farbstoff und sollte zwei Wochen lang liegen bleiben, bevor sie die zweite (rosa) kochen.

Fetten Sie eine flache quadratische oder rechteckige Form ein. Erhitzen Sie Fett und Öle auf kleiner Flamme in einem rostfreien Stahl- oder Emailletopf. Gießen Sie das Wasser in eine Schüssel bzw. einen Krug aus feuerfestem Glas oder Kunststoff. Mit Gummihandschuhen und Schutzbrille geben Sie nun die Natronlaugeplätzchen in das Wasser und rühren solange, bis sie sich aufgelöst haben. Sobald das Fett geschmolzen ist, nehmen Sie den Topf von der Kochplatte.

Geranien bzw. Pelargonien (die botanische Gattung Geranium) gibt es in zahllosen hübschen Sorten. Der herrlich aromatische Duft ihrer Blätter erinnert an alle möglichen Aromen, wie etwa Apfel, Aprikose, Zimtrose, Kokosnuß, Ingwer, Lavendel, Zitrone, Muskatnuß, Pfefferminze, Champagner, Rosen oder Erdbeeren. Sie können mit allen Geranienblättern einen Olivenöl-Aufguß herstellen und diesen Ihrer Seife beigeben (siehe S. 30 bis 31).

Legen Sie ein Zuckerthermometer in das Öl und eines in die Natronlauge. Wenn beide etwa die gleiche Temperatur zwischen 49 und 60 °C anzeigen, gießen Sie die Natronlauge in das Öl (siehe S. 31 bis 32). Rühren Sie gelegentlich um, bis die Mischung nach etwa 40 Minuten fertig angedickt ist.

Geben Sie unter kräftigem Rühren die ätherischen Öle dazu. Gießen Sie die Seifenmasse sofort 12 mm hoch in die Form, und decken Sie diese mit einem Handtuch oder einer Decke ab. Stellen Sie die Seife nun erst einmal zwei Wochen lang beiseite.

Nach zwei Wochen kochen Sie eine zweite Charge. Folgen Sie bis zum Andicken genau demselben Rezept wie bei der ersten. Lösen Sie nun unter kräftigem Rühren 1 g rote Pigmentfarbe in 10 g warmem Wasser auf. Geben Sie die verdünnte Farbe dann tropfenweise nach und nach und unter ständigem Rühren in die Seifenmasse. Sobald diese leuchtend rot gefärbt ist, gießen Sie die Masse ebenfalls 12 mm hoch auf die trockene weiße Schicht. Keine Sorge, wenn die frische Masse über die Ränder der weißen Seife fließt, denn dies können Sie später wegschneiden. Lassen Sie die Seife 24 Stunden, oder bis sie fest geworden ist, trocknen. Mit Gummihandschuhen holen Sie nun beide Seifenschichten aus der Form. Anschließend schneiden Sie die Seife in gleichgroße Stücke. Die fertigen Stücke müssen abgedeckt vier Wochen reifen.

Tip

Wenn sich die Seife nicht aus der Form lösen läßt, stellen Sie die Form für eine Stunde in den Gefrierschrank. Nehmen Sie die Seife dann wieder heraus, und warten Sie 10 Minuten. Dann können Sie die Form umstülpen. Klopfen Sie ganz leicht auf die Form, bis die Seife herausfällt.

Cremige Kokosseife

Die Zugabe von Kakaobutter in diesem Rezept führt zu einer wunderbar harten, aber milden Seife, die sich ideal für phantasievolle Formen eignet. Ich habe diese Seife mit ätherischem Rosenholzöl, meinem persönlichen Lieblingsduft, aromatisiert. Leider ist dies ein aktiver Beitrag zur Vernichtung des Tropenwaldes. Eine umweltverträglichere Alternative ist Kampfer.

Eigenschaften der Seife

- ❑ hart, aber cremig mit großen Seifenblasen
- ❑ gut für alle Hauttypen

680 g Kokosöl
227 g Kakaobutter
454 g destilliertes oder entmineralisiertes Wasser
163 g Natronlaugeplätzchen
2 Teelöffel (10 g) ätherische Öle, z.B. Rosenholz oder Kampfer

Fetten Sie eine quadratische oder rechteckige Form bzw. ein Stück PVC-Rohr mit Pflanzenfett ein, und kochen Sie die Seife nach dem vorgenannten Rezept für »Kokoseisseife«. Die Seifenmasse ist nach etwa 30 Minuten fertig angedickt. Geben Sie nun unter kräftigem Rühren die ätherischen Öle hinzu. Gießen Sie die Seife sofort in die Form, und decken Sie diese mit einem Handtuch oder einer Decke ab. Lassen Sie die Seife 24 Stunden, oder bis sie fest geworden ist, trocknen. Lösen Sie diese dann mit Gummihandschuhen aus der Form. Wenn Sie eine Sammelform oder ein PVC-Rohr verwendet haben, schneiden Sie die Seife jetzt in Stücke. Lassen Sie diese abgedeckt vier Wochen lang ausreifen, bevor Sie die Seife benutzen.

Antiseptische Seifen

Es gibt viele verschiedene Gründe, die uns bei der Wahl einer bestimmten Seife beeinflussen. Manchmal wünschen wir eine Seife, die uns verwöhnt und einparfümiert, manchmal eine zur gründlichen Hautreinigung, ein anderes Mal eine erfrischende Seife, mit der wir den Tag voller Tatendrang beginnen können. Jede der folgenden Seifen wurde für eine ganz spezielle Aufgabe kreiert, die sie auch zuverlässig erfüllt. Es gab Zeiten, als eine Seife stark antiseptisch riechen mußte, bevor man davon überzeugt war, daß sie wirklich reinigt. Ich habe den Verdacht, daß viele Leser dies insgeheim noch immer glauben. Hier sind meine Alternativen zu Karbolseife & Co. Ich biete sie an in der Hoffnung, daß Sie diese Seifen als eine willkommene Bereicherung Ihres Seifenschrankes betrachten.

Zauberseife

Sie mögen es glauben oder nicht, diese Seife wurde mit leuchtend blauer Kosmetikfarbe gefärbt. Wie Sie sehen können, wurde sie leuchtend fuchsienrot, auch wenn noch einige blaue Flecken zu sehen sind. Die Punkte sind das Ergebnis von grauem Kosmetikton.

Eigenschaften der Seife

- ❑ hart mit großen Seifenblasen
- ❑ dekorative Handseife

340 g Rindertalg
510 g Kokosöl
57 g Mandelöl
340 g destilliertes oder entmineralisiertes Wasser
142 g Natronlaugeplätzchen
2 Teelöffel (10 g) grauer Kosmetikton
1 Teelöffel (5 g) Rizinusöl
1 Teelöffel (5 g) ätherisches Teebaumöl
1 Eßlöffel (15 g) ätherisches Lavendelöl
1 Eßlöffel (15 g) verdünnte leuchtend blaue Kosmetikfarbe

Fetten Sie eine quadratische Form ein. Erhitzen Sie Fett und Basisöle auf kleiner Flamme in einem rostfreien Stahl- oder Emailletopf. Gießen Sie das Wasser in eine Schüssel bzw. einen Krug aus feuerfestem Glas oder Kunststoff. Mit Gummihandschuhen und Schutzbrille rühren Sie nun die Natronlaugeplätzchen in das Wasser. Sobald das Fett geschmolzen ist, nehmen Sie den Topf von der Kochplatte.

Legen Sie ein Zuckerthermometer in das Öl und eines in die Natronlauge. Wenn beide etwa die gleiche Temperatur zwischen 49 und 60 °C anzeigen, gießen Sie die Natronlauge in das Öl (siehe S. 31 bis 32). Rühren Sie gelegentlich um, bis die Mischung nach etwa 45 Minuten angedickt ist.

Streuen Sie unter kräftigem Rühren den Ton in die Masse, anschließend das Rizinusöl und die ätherischen Öle. Gießen Sie die Seife sofort in die Form, und decken Sie diese mit einem Handtuch oder einer Decke ab. Lassen Sie die Masse 24 Stunden, oder bis sie eine feste Konsistenz erreicht hat, trocknen. Lösen Sie dann die Seife mit Gummihandschuhen aus der Form. Nun kann die Seife in Stücke geschnitten werden. Anschließend muß sie abgedeckt noch vier Wochen ausreifen.

Gärtnerseife

Diese Seife hat eine rauhe Oberfläche und enthält die antiseptischen Eigenschaften von Teebaum- und Eucalyptusöl. Ausgeglichen wird diese Komposition durch mildes Karottenwurzelöl. Mit dieser Seife können Sie nach der Gartenarbeit die hartnäckige Erde von den Händen waschen.

Eigenschaften der Seife

- ❑ sehr hart mit großen Seifenblasen
- ❑ gut für alle Hauttypen, aber primär als Handseife

283 g Pflanzenfett
227 g Kokosöl
227 g Palmöl
170 g Olivenöl

397 g destilliertes oder entmineralisiertes Wasser
142 g Natronlaugeplätzchen
1 Eßlöffel (15 g) Bimssteinpulver
1 Eßlöffel (15 g) Karottenwurzelöl
je 1 Eßlöffel (15 g) ätherisches Teebaum- und Eucalyptusöl

Fetten Sie eine flache quadratische oder rechteckige Form ein. Erhitzen Sie Fett und Basisöle auf kleiner Flamme in einem rostfreien Stahl- oder Emailletopf. Gießen Sie das Wasser in eine Schüssel bzw. einen Krug aus feuerfestem Glas oder Kunststoff. Rühren Sie nun die Natronlaugeplätzchen in das Wasser, bis sie sich aufgelöst haben (Gummihandschuhe und Schutzbrille tragen!). Sobald das Fett geschmolzen ist, nehmen Sie den Topf von der Kochplatte.

Legen Sie ein Zuckerthermometer in das Öl und eines in die Natronlauge. Wenn beide etwa die gleiche Temperatur zwischen 49 und 60 °C anzeigen, gießen Sie die Natronlauge in das Öl (siehe S. 31 bis 32). Rühren Sie gelegentlich um, bis die Mischung nach etwa einer Stunde angedickt ist.

Streuen Sie unter kräftigem Rühren das Bimssteinpulver in die Masse, dann das Karottenöl und die ätherischen Öle. Gießen Sie die Seife sofort in die Form, und decken Sie diese mit einem Handtuch oder einer Decke ab. Lassen Sie die Seife etwa 24 Stunden trocknen. Holen Sie diese dann mit Gummihandschuhen aus der Form. Nun kann die Seife in Stücke geschnitten werden. Anschließend muß sie abgedeckt noch vier Wochen ausreifen.

Insektenschreck

Sowohl Zitronellgras als auch Lavendel wirken Wunder bei der Abwehr von Insekten, so daß Sie mit dieser Seife garantiert die kleinen Plagegeister auf Abstand halten. Am besten können Sie sich schützen, wenn Sie einen Teil Glycerin und vier Teile Wasser zusammen mit einigen Tropfen dieser ätherischen Öle in eine Sprayflasche füllen. Haben Sie kein Glycerin zur Hand, verwenden Sie stattdessen Wodka; Zitronellgrasöl kann durch Zitronenmelisse ersetzt werden.

Eigenschaften der Seife

- ❑ mittelhart mit mittelgroßen Seifenblasen
- ❑ erfrischend
- ❑ gut für alle Hauttypen

340 g Pflanzenfett
340 g Kokosöl
227 g Olivenöl
312 g destilliertes oder entmineralisiertes Wasser
142 g Natronlaugeplätzchen
1 Eßlöffel (15 g) ätherisches Lavendelöl
2 Teelöffel (10 g) ätherisches Zitronellgrasöl

Fetten Sie eine quadratische oder rechteckige Form ein. Erhitzen Sie Fett und Basisöle auf kleiner Flamme in einem rostfreien Stahl- oder Emailletopf. Gießen Sie das Wasser in eine Schüssel bzw. einen Krug aus feuerfestem Glas oder Kunststoff. Mit Gummihandschuhen und Schutzbrille rühren Sie die Natronlaugeplätzchen in das Wasser, bis sie sich aufgelöst haben. Sobald das Fett geschmolzen ist, nehmen Sie den Topf von der Kochplatte.

Legen Sie ein Zuckerthermometer in das Öl und eines in die Natronlauge. Wenn beide etwa die gleiche Temperatur zwischen 49 und 60 °C anzeigen, gießen Sie die Natronlauge in das Öl (siehe S. 31 bis 32). Rühren Sie gelegentlich um, bis die Mischung fertig angedickt ist. Dies dauert etwa eine Stunde.

Geben Sie nun die ätherischen Öle hinzu, und rühren Sie kräftig um. Gießen Sie die Seife sofort in die Form, und decken Sie diese mit einem Handtuch oder einer Decke ab. Lassen Sie die Seife 24 Stunden, oder bis sie fest geworden ist, trocknen. Holen Sie diese dann mit Gummihandschuhen aus der Form. Nun kann die Seife in Stücke geschnitten werden. Anschließend muß sie abgedeckt noch vier Wochen ausreifen.

Belebende Herrenseifen

Nun etwas ganz Besonderes für alle Leserinnen dieses Buches – das ist die Gelegenheit, den Mann Ihrer Träume zu kreieren. Rubbeln Sie ihn mit der Kratzbürste ab, oder versehen Sie ihn mit herrlichem Vanilleduft. Endlich können Sie Ihren persönlichen Lieblingsduft erschaffen und sind nicht auf seinen Geschmack angewiesen. Leider fehlt in diesem Kapitel eine gute Rasierseife. Das liegt daran, daß traditionelle, weiche Rasierseifen mit Kaliumhydroxid hergestellt werden, und dieses ist für den privaten Seifenkocher schwer zu bekommen. Als Alternative können Sie das Rezept für »Oliven mit Seetang und Zedern« auf Seite 54 benutzen und nach dem Andicken 28 g Glycerin, Lanolin oder Rizinusöl hinzugeben. Wählen Sie dazu ätherische Öle mit antiseptischer Wirkung und, wenn Sie nett zu seiner Haut sein wollen, fügen Sie noch die heilenden Eigenschaften von Beinwell hinzu.

Kratzbürste

Dies ist eine herrliche, rauhe Seife mit frischem Waldaroma und einer schönen graugrünen Farbe. Grüner Bentonit-Ton zieht das Fett aus der Haut – die ideale Seife nach einem harten Arbeitstag.

Eigenschaften der Seife

- ❑ hart mit großen Seifenblasen
- ❑ herrlich glatte Seife

340 g Rindertalg
227 g Sonnenblumenöl
340 g Kokosöl
28 g Bienenwachs
325 g destilliertes oder entmineralisiertes Wasser
142 g Natronlaugeplätzchen
1 Teelöffel (5 g) verdünnte Chromoxidfarbe (grün)
2 Eßlöffel (30 g) grüner Kosmetikton
2 Teelöffel (10 g) ätherisches Sandelholzöl
2 Teelöffel (10 g) ätherisches Kiefernöl

Fetten Sie eine flache quadratische oder rechteckige Form ein. Erhitzen Sie das Fett, die Basisöle und das Bienenwachs auf kleiner Flamme in einem rostfreien Stahl- oder Emailletopf. Gießen Sie das Wasser in eine Schüssel bzw. einen Krug aus feuerfestem Glas oder Kunststoff. Mit Gummihandschuhen und Schutzbrille rühren Sie die Natronlaugeplätzchen in das Wasser, bis sie sich aufgelöst haben. Sobald Fett und Wachs geschmolzen sind, nehmen Sie den Topf von der Kochplatte.

Legen Sie ein Zuckerthermometer in das Öl und eines in die Natronlauge. Wenn beide etwa die gleiche Temperatur zwischen 49 und 60 °C anzeigen, gießen Sie die Natronlauge in das Öl (siehe S. 31 bis 32). Rühren Sie gelegentlich um, bis die Mischung fertig angedickt ist. Dies dauert etwa 30 Minuten.

Bereits während des Andickens geben Sie unter kräftigem Rühren den Farbstoff und den Ton dazu. Anschließend rühren Sie die ätherischen Öle unter. Gießen Sie die Seife sofort in die Form, und decken Sie diese mit einem Handtuch oder einer Decke ab. Lassen Sie die Seife 24 Stunden, oder bis sie fest geworden ist, trocknen. Lösen Sie diese dann mit Gummihandschuhen aus der Form. Nun kann die Seife in Stücke geschnitten werden. Anschließend muß sie abgedeckt noch vier Wochen ausreifen.

Würzige Mintseife

Dies ist ein gutes Grundrezept mit würzigem Minzeduft. Ich habe die Seife mit Paprika gefärbt, doch Sie können auch Zimt verwenden. Als Form habe ich ein kurzes Stück Abflußrohr benutzt, welches mein Klempner freundlicherweise liegengelassen hatte.

Eigenschaften der Seife

- ❑ leicht körnig, aber hart mit mittelgroßen Seifenblasen
- ❑ nicht geeignet für sehr empfindliche Haut

340 g Pflanzenfett
227 g Schweineschmalz
340 g Kokosöl

Kratzbürste (links oben), Vanilletraum (rechts oben), Würzige Mintseife (unten)

57 g Bienenwachs
325 g destilliertes oder entmineralisiertes Wasser
142 g Natronlaugeplätzchen
1 Eßlöffel (15 g) Paprikapulver
je 1 Teelöffel (5 g) ätherisches Pfefferminz- und Ingweröl
2 Teelöffel (10 g) ätherisches Zimtöl

Fetten Sie eine flache quadratische oder rechteckige Form ein. Erhitzen Sie Fette, Basisöle und Bienenwachs auf kleiner Flamme in einem rostfreien Stahl- oder Emailletopf. Gießen Sie das Wasser in eine Schüssel bzw. einen Krug aus feuerfestem Glas oder Kunststoff. Mit Gummihandschuhen und Schutzbrille rühren Sie nun die Natronlaugeplätzchen in das Wasser, bis sie sich aufgelöst haben. Sobald die Fette geschmolzen sind, nehmen Sie den Topf von der Kochplatte.

Legen Sie ein Zuckerthermometer in das Öl und eines in die Natronlauge. Wenn beide etwa die gleiche Temperatur zwischen 49 und 60 °C anzeigen, gießen Sie die Natronlauge in das Öl (siehe S. 31 bis 32). Rühren Sie gelegentlich um, bis die Mischung fertig angedickt ist. Dies dauert etwa 10 Minuten.

Während des Andickens streuen Sie unter kräftigem Rühren das Paprikapulver ein. Danach rühren Sie die ätherischen Öle unter die Masse. Gießen Sie diese sofort in die Form, und decken Sie alles mit einem Handtuch oder einer Decke ab. Lassen Sie die Seife 24 Stunden, oder bis sie eine feste Konsistenz erreicht hat, trocknen. Lösen Sie diese dann mit Gummihandschuhen aus der Form. Nun kann die Seife in Stücke geschnitten werden. Anschließend muß sie abgedeckt noch vier Wochen ausreifen.

Vanilletraum

Vanille ist ein herrliches Aroma für Seifen. Es gibt allerdings kein echtes ätherisches Vanilleöl, auch wenn Sie reines Vanilleöl für ein kleines Vermögen kaufen können. Es gibt jedoch mehrere verdünnte Ersatzstoffe, die als ätherische Öle angeboten werden, auch Vanille-Parfümöl können Sie gut in Ihrer Seife verwenden.

Eigenschaften der Seife

- ❑ hart mit mittelgroßen Seifenblasen
- ❑ sehr appetitlich

680 g Pflanzenfett
227 g Kokosöl
57 g Bienenwachs
312 g destilliertes oder entmineralisiertes Wasser
142 g Natronlaugeplätzchen
4 Teelöffel (20 g) Vanille-Parfümöl

Fetten Sie eine flache quadratische oder rechteckige Form ein. Erhitzen Sie Fett, Basisöle und Bienenwachs auf kleiner Flamme in einem rostfreien Stahl- oder Emailletopf. Gießen Sie das Wasser in eine Schüssel bzw. einen Krug aus feuerfestem Glas oder Kunststoff. Rühren Sie die Natronlaugeplätzchen in das Wasser, bis sie sich aufgelöst haben (Gummihandschuhe und Schutzbrille tragen!). Sobald das Fett flüssig ist, nehmen Sie den Topf von der Kochplatte.

Legen Sie ein Zuckerthermometer in das Öl und eines in die Natronlauge. Wenn beide etwa die gleiche Temperatur zwischen 49 und 60 °C anzeigen, gießen Sie die Natronlauge in das Öl (siehe S. 31 bis 32). Rühren Sie gelegentlich um, bis die Masse nach etwa 25 Minuten fertig angedickt ist.

Nach dem Andicken rühren Sie das Parfümöl in die Masse. Gießen Sie die Seife sofort in die Form, und decken Sie diese mit einem Handtuch oder einer Decke ab. Lassen Sie die Seife 24 Stunden, oder bis sie fest geworden ist, trocknen. Lösen Sie diese dann mit Gummihandschuhen aus der Form. Nun kann die Seife in Stücke geschnitten werden. Vor der Benutzung muß sie abgedeckt noch vier Wochen ausreifen.

Spezial seifen

Alle Seifen in diesem Kapitel haben eine spezielle Funktion und sind daher ideale Geschenke für ganz besondere Freunde. Legen Sie die Küchenseife in einen Korb mit frischen Kräutern und Gewürzen, oder verschenken Sie die Babyseife zusammen mit ein paar Plastikenten oder anderen Badezimmerutensilien für das Baby. Meine Mystikseife habe ich in einem dicken PVC-Rohr geformt und das Zentrum herausgeschnitten, bevor die Seife ganz fest geworden war. Die Handseife ist eine herrliche Winterseife, verschenken Sie diese also zusammen mit Lippenbalsam und vielleicht einem Paar Wollhandschuhen. Die Sonnenseife ist dagegen ein schönes Sommergeschenk.

Küchenseife

Diese tolle Seife entfernt den Geruch von Zwiebel und Knoblauch von Ihren Händen. Ihr besonderes Geheimnis besteht in der Zugabe von frischem Kaffee, welcher der Seife auch das interessante Fleckenmuster verleiht. Mahlen Sie den Kaffee vor dem Aufbrühen ganz fein.

Eigenschaften der Seife

- ❑ hart und cremig mit großen Seifenblasen
- ❑ gut für alle Hauttypen

2 Eßlöffel (30 g) frisch gemahlener Kaffee
325 g destilliertes oder entmineralisiertes Wasser
340 g Rindertalg
340 g Kokosöl
227 g Olivenöl
142 g Natronlaugeplätzchen

Fetten Sie eine quadratische oder rechteckige Form ein. Geben Sie das Kaffeepulver in eine Schüssel bzw. einen Krug aus feuerfestem Glas oder Kunststoff. Kochen Sie das Wasser, und gießen Sie es über den Kaffee. Rühren Sie den Kaffee um, und lassen Sie ihn ganz kalt werden.

Erhitzen Sie Fett und Basisöle auf kleiner Flamme in einem rostfreien Stahl- oder Emailletopf. Mit Gummihandschuhen und Schutzbrille rühren Sie nun die Natronlaugeplätzchen in den Kaffee, bis sie sich aufgelöst haben. Sobald das Fett geschmolzen ist, nehmen Sie den Topf von der Kochplatte.

Legen Sie ein Zuckerthermometer in das Öl und eines in die Natronlauge. Sobald beide etwa die gleiche Temperatur zwischen 49 und 60 °C anzeigen, gießen Sie die Natronlauge in das Öl (siehe S. 31 bis 32). Rühren Sie gelegentlich um, bis die Mischung fertig angedickt ist. Dies dauert etwa 25 Minuten.

Gießen Sie die Seife sofort in die Form, und decken Sie diese mit einem Handtuch oder einer Decke ab. Lassen Sie die Seife 24 Stunden, oder bis sie fest geworden ist, trocknen. Lösen Sie diese dann mit Gummihandschuhen aus der Form. Nun kann die Seife in Stücke geschnitten werden. Vor der Benutzung muß sie jedoch noch vier Wochen abgedeckt ausreifen.

Babyseife

Dies ist eine wirklich milde Seife, die Sie bedenkenlos für Ihr Baby, aber auch allgemein für extrem empfindliche Haut verwenden können. Ich habe sie weder gefärbt noch parfümiert. Eine zusätzlich heilende Wirkung, insbesondere bei aufgeschürfter Haut oder Schnittwunden, erzielen Sie, wenn Sie den Ringelblumen-Aufguß durch Beinwell ersetzen.

Eigenschaften der Seife

- ❑ sehr mild und sanft
- ❑ relativ glatte Seife mit feinem, cremigem Schaum
- ❑ ideal für empfindliche Haut

227 g Pflanzenfett
227 g Ringelblumen-Aufguß in Mandelöl (siehe S. 22 bis 23)
227 g Sonnenblumenöl
227 g Kokosöl
57 g weißes Bienenwachs
312 g destilliertes oder entmineralisiertes Wasser
142 g Natronlaugeplätzchen
1 Teelöffel (5 g) Karottensamenöl

Fetten Sie die Formen ein. Erhitzen Sie Fett, Basisöle und Bienenwachs auf kleiner Flamme in einem rostfreien Stahl- oder Emailletopf. Nehmen Sie 14 g des Wassers ab, und gießen sie den Rest in eine Schüssel bzw. einen Krug aus feuerfestem Glas oder Kunststoff. Rühren Sie die Natronlaugeplätzchen in das Wasser, bis sie sich aufgelöst haben (Schutzbrille und Gummihandschuhe tragen!). Sobald das Fett geschmolzen ist, nehmen Sie den Topf von der Kochplatte.

Legen Sie ein Zuckerthermometer in das Öl und eines in die Natronlauge. Wenn beide etwa die gleiche Temperatur zwischen 49 und 60 °C anzeigen, gießen Sie die Natronlauge in das Öl (siehe S. 31 bis 32). Rühren Sie gelegentlich um, bis die Masse angedickt ist. Dies dauert etwa 90 Minuten.

Rühren Sie zum Schluß das Karottensamenöl hinein. Gießen Sie die Seife sofort in die Formen, und decken Sie diese mit einem Handtuch oder einer Decke ab. Lassen Sie die Seife 24 Stunden, oder bis sie fest geworden ist, trocknen. Lösen Sie diese dann mit Gummihandschuhen aus den Formen. Bevor die Seife benutzt werden kann, muß sie noch sechs Wochen abgedeckt ausreifen.

Sonnenseife

Diese hübsche gelbe Seife ist preisgünstig und hat eine angenehm feste Konsistenz. Ich habe sie mit Narzissen-Parfümöl parfümiert. Sie können aber auch ein anderes ätherisches Öl verwenden, beispielsweise eine Mischung aus Kamille und Zitrone.

Eigenschaften der Seife

- ❑ hart mit großen Seifenblasen
- ❑ hübsche Zugabe für einen Geschenkkorb

170 g Schweineschmalz
340 g Kokosöl
340 g Sonnenblumenöl
297 g destilliertes oder entmineralisiertes Wasser
142 g Natronlaugeplätzchen
1 Eßlöffel (15 g) Parfümöl
2 Teelöffel (10 g) verdünnte gelbe Kosmetikfarbe

Fetten Sie die Formen ein. Erhitzen Sie Fett und Basisöle auf kleiner Flamme in einem rostfreien Stahl- oder Emailletopf. Nehmen Sie 14 g des Wassers ab, und gießen Sie den Rest in eine Schüssel bzw. einen Krug aus feuerfestem Glas oder Kunststoff. Mit Gummihandschuhen und Schutzbrille rühren Sie nun die Natronlaugeplätzchen in das Wasser, bis sie sich aufgelöst haben. Sobald das Fett geschmolzen ist, nehmen Sie den Topf von der Kochplatte.

Legen Sie ein Zuckerthermometer in das Öl und eines in die Natronlauge. Wenn beide etwa die gleiche Temperatur zwischen 49 und 60 °C anzeigen, gießen Sie die Natronlauge in das Öl (siehe S. 31 bis 32). Rühren Sie gelegentlich um, bis die Masse nach etwa 90 Minuten fertig angedickt ist.

Geben Sie dann unter kräftigem Rühren das Parfümöl und anschließend die Kosmetikfarbe dazu. Gießen Sie die Seife sofort in die Formen, und decken Sie diese mit einem Handtuch oder einer Decke ab. Lassen Sie die Seife 24 Stunden, oder bis sie fest geworden ist, trocknen. Lösen Sie diese nun aus den Formen. Bevor die Seife benutzt werden kann, muß sie noch vier Wochen abgedeckt ausreifen.

Mystikseife

Wenn Sie über 40 sind, versetzt Sie diese Seife in die 60er Jahre, als es neben Patschuli kaum andere Parfüme gab. Ich habe in dieser Seife blaue Kosmetikfarbe verwendet und heraus kam ein ganz dunkles Violett. Dieses verblaßt während des Reifens zu einem hübschen Lavendelton.

Eigenschaften der Seife

❑ mittelhart mit mittelgroßen Seifenblasen

340 g Pflanzenfett
283 g Rindertalg
227 g Olivenöl
255 g destilliertes oder entmineralisiertes Wasser
113 g Natronlaugeplätzchen
1 Eßlöffel (15 g) ätherisches Patschuliöl
1 Teelöffel (5 g) ätherisches Lavendelöl
1 Eßlöffel (15 g) verdünnte blaue Kosmetikfarbe

Fetten Sie die Formen ein. Erhitzen Sie Fette und Basisöle auf kleiner Flamme in einem rostfreien Stahl- oder Emailletopf. Gießen Sie das Wasser in eine Schüssel bzw. einen Krug aus feuerfestem Glas oder Kunststoff. Rühren Sie dann die Natronlaugeplätzchen in das Wasser, bis sie sich aufgelöst haben (Gummihandschuhe und Schutzbrille tragen!). Sobald die Fette geschmolzen sind, nehmen Sie das Öl von der Kochplatte.

Legen Sie ein Zuckerthermometer in das Öl und eines in die Natronlauge. Wenn beide etwa die gleiche Temperatur

Babyseife (oben), Sonnenseife (Mitte), Grüne Seife (unten), Handseife (Herz)

zwischen 49 und 60 °C anzeigen, gießen Sie die Natronlauge in das Öl (siehe S. 31 bis 32). Rühren Sie gelegentlich um, bis die Mischung fertig angedickt ist. Dies dauert etwa 90 Minuten.

Geben Sie dann die ätherischen Öle und das verdünnte Pigment hinzu, und rühren Sie gut um. Gießen Sie die Seife sofort in die Formen, und decken Sie diese mit einem Handtuch oder einer Decke ab. Lassen Sie die Seife 24 Stunden, oder bis sie fest geworden ist, trocknen. Lösen Sie diese dann mit Gummihandschuhen aus den Formen. Vor der Benutzung muß die Seife noch vier Wochen abgedeckt ausreifen.

Handseife

Diese herrliche Seife enthält Lanolin, welches die Haut schützt und besonders bei aufgerissenen Händen wohltuend wirkt. Allerdings können manche Personen allergisch gegen Lanolin sein.

Eigenschaften der Seife

- ❑ cremig
- ❑ hart mit mittelgroßen Seifenblasen

340 g Rindertalg
340 g Kokosöl
227 g Sonnenblumenöl
312 g destilliertes oder entmineralisiertes Wasser
142 g Natronlaugeplätzchen
2 gehäufte Eßlöffel (40 g) getrockneter Beinwell
1 Eßlöffel (15 g) ätherisches Ylang-Ylang-Öl
1 Teelöffel (5 g) ätherisches Kamillenöl
1 Teelöffel (5 g) verdünnte rosarote Ultramarinfarbe

Fetten Sie die Formen ein. Erhitzen Sie Fett und Basisöle auf kleiner Flamme in einem rostfreien Stahl- oder Emailletopf. Gießen Sie das Wasser in eine Schüssel bzw. einen Krug aus feuerfestem Glas oder Kunststoff. Mit Gummihandschuhen und Schutzbrille rühren Sie die Natronlaugeplätzchen in das Wasser, bis sie sich aufgelöst haben. Sobald das Fett geschmolzen ist, nehmen Sie den Topf von der Kochplatte.

Legen Sie ein Zuckerthermometer in das Öl und eines in die Natronlauge. Wenn beide etwa die gleiche Temperatur zwischen 49 und 60 °C anzeigen, gießen Sie die Natronlauge in das Öl (siehe S. 31 bis 32). Rühren Sie gelegentlich um, bis die Mischung fertig angedickt ist. Dies dauert etwa 90 Minuten.

Streuen Sie dann unter kräftigem Rühren den getrockneten Beinwell in die Masse. Danach rühren Sie die ätherischen Öle hinein. Zum Schluß wird die Farbe hinzugefügt und nochmals gut gerührt. Gießen Sie die Seife sofort in die Formen, und decken Sie diese mit einem Handtuch oder einer Decke ab. Lassen Sie die Seife 24 Stunden, oder bis sie fest geworden ist, trocknen. Lösen Sie diese dann mit Gummihandschuhen aus den Formen. Vor der Benutzung muß die Seife noch vier Wochen abgedeckt ausreifen.

Grüne Seife

Dieses Rezept ist besonders für Vegetarier zu empfehlen und liefert eine ideale Grundseife, die problemlos mit Farbpigmenten reagiert. Ihre extrem glatte Konsistenz verdankt die Seife dem Zusatz von Kaolin.

Eigenschaften der Seife

- ❑ hart mit mittelgroßen Seifenblasen

283 g Pflanzenfett
340 g Kokosöl
283 g Maisöl
325 g destilliertes oder entmineralisiertes Wasser
142 g Natronlaugeplätzchen
2 Eßlöffel (30 g) ätherisches Limonenöl
2 Eßlöffel (30 g) Kaolin (Porzellanerde)
2 Teelöffel (10 g) verdünnte grüne Kosmetikfarbe

Fetten Sie die Formen ein. Erhitzen Sie Fett und Basisöle auf kleiner Flamme in einem rostfreien Stahl- oder Emailletopf. Gießen Sie das Wasser in eine Schüssel bzw. einen Krug aus feuerfestem Glas oder Kunststoff. Mit Gummihandschuhen und Schutzbrille rühren Sie die Natronlaugeplätzchen in das Wasser, bis sie sich aufgelöst haben. Sobald das Fett geschmolzen ist, nehmen Sie den Topf von der Kochplatte.

Legen Sie ein Zuckerthermometer in das Öl und eines in die Natronlauge. Wenn beide etwa die gleiche Temperatur zwischen 49 und 60 °C anzeigen, gießen Sie die Natronlauge in das Öl (siehe S. 31 bis 32). Rühren Sie gelegentlich um, bis die Mischung nach etwa 90 Minuten fertig angedickt ist.

Streuen Sie dann unter kräftigem Rühren zunächst das Kaolin und anschließend das ätherische Öl und die verdünnte Kosmetikfarbe in die Masse. Gießen Sie die Seife sofort in die Formen, und decken Sie diese mit einem Handtuch oder einer Decke ab. Lassen Sie die Seife 24 Stunden, oder bis sie fest geworden ist, trocknen. Lösen Sie diese dann mit Gummihandschuhen aus den Formen. Vor der Benutzung muß die Seife noch vier Wochen abgedeckt ausreifen.

Luxuriöses für das Bad

Es gibt nichts Erholsameres, als in einem herrlich duftenden, heißen Bad zu schwelgen. Im folgenden Kapitel finden Sie einige Tips, wie Sie dieses sinnliche Vergnügen noch steigern können. Verschenken Sie die Tips nett verpackt zusammen mit Ihren Seifen, oder verwöhnen Sie sich selbst nach einem harten Tag am Seifentopf. Ein Rezept, welches Sie unbedingt probieren müssen, ist das »Bananen-Kokos-Honig-Schaumbad« von Lush. Danach fühlt sich Ihre Haut so herrlich weich an, daß Sie es nie wieder missen wollen. Außerdem können Sie hierbei Ihre Fertigkeiten bei der Komposition verschiedener Parfümöle testen, da keine Natronlauge verwendet wird, welche die endgültige Wirkung beeinträchtigen würde. Denken Sie im Sommer daran, die aromatischen Blüten und Kräuter zu pflücken und zu trocknen, die Sie für Ihre Rezepte benötigen.

Badesalz

Badesäckchen

Kleine Baumwoll-Badesäckchen sind ideal für ein Hautpeeling und eine hübsche Beigabe für den Geschenkkorb. Sie können ganz einfach hergestellt werden: Raspeln Sie Ihre Lieblingsseife in feine Späne, und geben Sie einige trockene Kräuter und Blütenblätter sowie etwas fein gemahlenes Getreide, z.B. Maismehl, dazu. Die Säckchen können Sie direkt über die Haut reiben oder unter den Wasserhahn hängen.

Grundzutaten:

227 g fein geraspelte Seife (verwenden Sie eine Seife mit ätherischen Ölen)
57 g Maismehl
57 g Hafermehl
28 g gemahlene Mandeln

Adstringierende Zusätze:

1/2 Teelöffel (2,5 g) Lavendelblüten
1/2 Teelöffel (2,5 g) frische Rosmarinblätter
1 Tropfen ätherisches Kamillenöl

Süßes, frisches Aroma:

1 1/2 Teelöffel (2,5 g) fein gemahlene, getrocknete Orangen- und Zitronenschale
1 Teelöffel (5 g) getrocknete Rosenblütenblätter
1 Tropfen ätherisches Geranienöl

Milde, beruhigende Zusätze:

1 1/2 Teelöffel (2,5 g) getrocknete Ringelblumen-Blütenblätter
1/2 Teelöffel (2,5 g) geriebene Kakaobutter
4 Tropfen Weizenkeimöl

Mischen Sie die Grundzutaten mit einer der drei Zusatz-Kompositionen. Schneiden Sie dann mit einer Zickzackschere ein 15 cm großes Quadrat aus weißem Baumwollstoff aus. Geben Sie einen Eßlöffel (15 g) der Mischung in die Mitte des Quadrates, ziehen Sie die Stoffecken zu einem Säckchen hoch, und binden Sie diese mit farbechtem, schmalem Samtband oder Raffiabast zusammen.

Badesalz

Sie können den Inhalt der Badesäckchen aber auch direkt ins Badewasser geben. Das Badesalz wirkt dann wie ein Weichspüler. Füllen Sie es in eine hübsche Flasche, und geben Sie noch einige Blütenblätter und/oder Blätter für den dekorativen Effekt hinzu. Auch die Zugabe von einem Teelöffel grobem Meersalz pro Flasche garantiert ein echtes Entspannungsbad.

Milch- und Rosenbad

Dieses Bad ist ideal für all diejenigen, die stundenlang in einer Badewanne voller herrlicher Köstlichkeiten schwelgen wollen.

28 g Kakaobutter
6 Tropfen Rosenduftöl
28 g fein geriebene Seife
170 g Trockenmilch
1 Eßlöffel (15 g) Kaliumbitartat
1 Eßlöffel (15 g) Maismehl (Maisstärke)

Erhitzen Sie die Kakaobutter im Wasserbad, bis sie geschmolzen ist. Geben Sie den Rosenduft dazu, und gießen Sie das Ganze in eine Eiswürfelform. Stellen Sie diese in den Gefrierschrank, bis die Masse hart geworden ist. Lösen Sie anschließend die Seifenmasse aus der Form und raspeln Sie die Seife zu feinen Spänen. Vermischen Sie nun die Flocken mit der Hand oder in einer Küchenmaschine mit den übrigen Zutaten. 2 bis 3 Eßlöffel sind für ein Bad ausreichend.

Prickelndes Sprudelbad

Diese kleinen sprudelnden Klötzchen haben durch die enthaltene Kakaobutter eine angenehm rückfettende Wirkung.

57 g Kakaobutter
57 g Natriumbicarbonat
28 g Zitronensäure
3 Eßlöffel (45 g) Maismehl (Maisstärke)
6 Tropfen verdünnte Kosmetikfarbe oder Lebensmittelfarbe
6 Tropfen ätherisches Öl nach Ihrer Wahl

Fetten Sie einige kleine Formen oder eine Eiswürfelform ein. Schmelzen Sie die Kakaobutter auf kleiner Flamme im Wasserbad. Nehmen Sie die flüssige Butter von der Kochplatte, und geben Sie unter kräftigem Rühren Natriumbicarbonat, Zitronensäure und Maismehl, danach die Farbe und das ätherische Öl, hinzu. Füllen Sie diese Seifenmischung in die Formen, welche dann zum Trocknen in den Gefrierschrank gestellt werden. Wenn die Seife hart geworden ist, kann sie aus den Formen gelöst werden.

Bananen-Kokos-Honig-Schaumbad

Probieren Sie dieses herrliche Rezept von Lush, und Ihnen steht ein durch und durch entspannender Badespaß bevor.

Von links nach rechts: Geschichtetes Badeöl, Zaubernuß-Bad, Prickelndes Sprudelbad, Milch- und Rosenbad

85 g Kakaobutter
7 g frische Bananen
1 Teelöffel (5 g) Olivenöl
1 Eßlöffel (15 g) Kokoscreme
1 Eßlöffel (15 g) Honig
1 Eßlöffel (15 g) frische oder getrocknete Kokosnuß
2 Tropfen ätherisches Mandarinenöl

Erhitzen Sie alle Zutaten – bis auf das ätherische Öl – vorsichtig in einem Topf. Nehmen Sie die erhitzte Masse von der Kochplatte, und lassen Sie diese einige Minuten auskühlen, bevor Sie das ätherische Öl unterrühren. Gießen Sie das Ganze nun in eine Eiswürfelform oder eine ähnliche, biegsame Form. Lassen sie die Seife über Nacht im Kühlschrank trocknen. Geben Sie etwa 28 g der Seife in das Bad, sobald Sie das Wasser einlaufen lassen.

Geschichtetes Badeöl

Dies ist ein sehr hübscher Artikel für jedes Badezimmer. Die Farbstoffe können Sie passend zu Ihrem Duft wählen. Nehmen Sie ätherisches Pfefferminzöl mit grüner oder Erdbeer-Parfümöl mit roter Farbe. Geben Sie jedoch nicht zuviel Farbstoff hinzu, sonst enden Sie mit farbigem Badewasser und bunten Handtüchern. Gehen Sie auch sonst sparsam mit dem Badeöl um, denn es hinterläßt einen Film auf Ihrer Haut.

4 Tropfen flüssige Lebensmittelfarbe
57 g destilliertes oder entmineralisiertes Wasser
4 Tropfen ätherisches Öl oder Parfümöl
57 g Mandelöl

Rühren Sie die Farbe in das Wasser und die ätherischen Öle oder Parfümöle in das Mandelöl. Gießen Sie zuerst das gefärbte Wasser und dann das parfümierte Mandelöl in eine farblose Glasflasche.

Zaubernuß-Bad

Dieses erfrischende Bad ist besonders wohltuend für Ihr Gesicht. Sie können das Orangenblütenwasser auch durch Rosenwasser ersetzen.

57 g Orangenblütenwasser
28 g Zaubernuß
1 Eßlöffel (15 g) Glycerin
2 Teelöffel (10 g) Wodka
10 Tropfen ätherisches Ylang-Ylang-Öl
10 Tropfen ätherisches Zitronenöl

Füllen Sie alle Zutaten in eine enghalsige Flasche und verschließen Sie diese. Anschließend muß die Flasche kräftig geschüttelt werden.

Haarpflege

Alle Seifen in diesem Buch können Sie auch als Shampoo verwenden. Weniger geeignet sind nur diejenigen, die Farbstoffe enthalten. Generell empfiehlt es sich, nach dem Waschen eine leicht saure Spülung zu verwenden, um das natürliche Säuregleichgewicht der Haare wiederherzustellen. Dazu sei ein ganz einfaches Rezept empfohlen: etwa 1 Eßlöffel (15 g) frischer Zitronensaft oder Apfelessig, verdünnt mit einem halben Liter Wasser. Versuchen Sie auch das nachfolgend beschriebene Rezept für eine Petersilien-Zitronen-Haarspülung.

Ein vollkommen natürliches Shampoo erhalten Sie, wenn Sie einen Aufguß aus Blättern und Wurzeln des Seifenkrautes mit einem oder mehreren der unten aufgelisteten Kräuter kombinieren. Seifenkraut produziert zwar nur wenig Schaum, dafür aber eine milde, gut reinigende Seifenlauge. Verwenden Sie 28 g frisches oder getrocknetes Seifenkraut zusammen mit 14 g des Krautes Ihrer Wahl. Geben Sie die Kräuter in 1/2 Liter kochendes Wasser, und lassen Sie das Ganze 15 Minuten köcheln. Danach muß die Lauge etwa 40 Minuten abkühlen. Nun können Sie die Kräuter heraussieben, und das Shampoo ist fertig. Leider kann es nicht lange gelagert werden und muß daher vor jeder Haarwäsche frisch zubereitet werden. Auch Ihr Hund kann übrigens vom Seifenkochen profitieren. Versuchen Sie die »Insektenschreck«-Seife auf Seite 61 als Hundeshampoo – es hilft, die Flöhe fernzuhalten.

Nach meiner Erfahrung liefern Seifen mit einem hohen Anteil an Olivenöl die besten Shampoos. Sie erzeugen schon bei wenig Rubbeln reichlich cremigen Schaum und machen das Haar samtweich. Auch mit Rezepten, die viel Kokosöl enthalten, erzielen Sie herrlich sanfte, gut schäumende Shampoos, wenn Sie einfach ein paar Löffel Rizinusöl zugeben.

Viele Kräuter verbessern die Farbe und/oder Textur Ihres Haares. Sie können auf verschiedene Weise Ihrem Shampoo beigegeben werden. Bereiten Sie aus den gewünschten Kräutern und den Basisölen einen Aufguß, oder passieren Sie die frischen Kräuter in einem Mixer, und geben Sie diese dann dem Wasseranteil der Seife bei.

Es folgt nun eine Liste mit Zutaten, aufgestellt von Elaya Tsosie, die Sie ganz nach Belieben der Seife zugeben können.

Brennessel: Die Blätter wirken als Conditioner und Antischuppenmittel und fördern das Haarwachstum.

Brunnenkresse: Die Blätter fördern den Haarwuchs.

Eberraute: Die Blätter fördern den Haarwuchs und wirken gegen Schuppen.

Henna: Conditioner und rotes Färbemittel.

Kamille: Macht das Haar weich und wirkt aufhellend.

Katzenminze: Fördert das Haarwachstum und beruhigt die Kopfhaut.

Kleinblütige Königskerze: Die Blüten wirken als Aufheller.

Klette: Die Wurzeln wirken gegen Schuppen.

Kletten-Labkraut: Das Kraut wirkt reinigend, stimulierend und bekämpft Schuppen.

Linde: Die Blüten machen das Haar weich und reinigen es.

Margerite: Die Blütenblätter wirken als Aufheller.

Petersilie: Blätter und Stiele frischen die Farbe auf und geben dem Haar Glanz.

Rosmarin: Bestes Allroundmittel als stimulierender Conditioner. Blätter und blühende Triebspitzen geben Glanz und Fülle und dunkeln die Farbe etwas ab.

Salbei: Die Blätter wirken als stimulierender Conditioner und dunkeln die Farbe ab.

Schachtelhalm: Stiele und Zweige kräftigen das Haar.

Zaubernuss: Blätter und Rinde wirken adstringierend und reinigend.

Ei-&Zitronen-Shampooseife

Das folgende Rezept ist eines meiner Lieblingsrezepte:

Eigenschaften des Shampoos

- ❑ schäumt schnell
- ❑ wohltuende Wirkung und sanft zur Kopfhaut
- ❑ macht das Haar glänzend

792 g Olivenöl
2 Eidotter
57 g Bienenwachs
57 g Kokoscreme
269 g destilliertes oder entmineralisiertes Wasser
113 g Natronlaugeplätzchen
2 Eßlöffel (30 g) ätherisches Zitronenöl
1 Teelöffel (5 g) Vitamin-E-Öl

Fetten Sie eine Sammel- oder mehrere Einzelformen ein. Schlagen Sie das Eidotter in 28 g des Olivenöls auf. Erhitzen Sie das übrige Olivenöl mit dem Bienenwachs und der Kokoscreme auf kleiner Flamme in einem rostfreien Stahl- oder Emailletopf. Gießen Sie das Wasser in eine Schüssel bzw. einen Krug aus feuerfestem Glas- oder Kunststoff. Mit Gummihandschuhen und Schutzbrille rühren Sie die Natronlaugeplätzchen in das Wasser, bis sie sich aufgelöst haben. Sobald Fett und Wachs geschmolzen sind, nehmen Sie den Topf von der Kochplatte.

Legen Sie ein Zuckerthermometer in das Öl und eines in die Natronlauge. Wenn beide etwa die gleiche Temperatur zwischen 49 und 60 °C anzeigen, gießen Sie die Natronlauge in das Öl (siehe S. 31 bis 32). Rühren Sie gelegentlich um, bis die Mischung fertig angedickt ist. Dies dauert etwa 35 Minuten.

Rühren Sie mit dem Schneebesen nach und nach die Ei-Olivenöl-Mischung unter, anschließend das ätherische Öl und das Vitamin E. Gießen Sie die Seife sofort in die Form, und decken Sie diese mit einem Handtuch oder einer Decke ab. Lassen Sie die Seife 24 Stunden, oder bis sie fest geworden ist, trocknen. Lösen Sie diese dann mit Gummihandschuhen aus der Form. Nun kann die Seife bei Bedarf in Scheiben geschnitten werden. Vor der Benutzung muß sie noch vier Wochen abgedeckt ausreifen.

Petersilien- und Zitronen-Haarspülung

Petersilie wirkt aufhellend und ist auch sonst ein nützliches Kraut für eine Haarspülung. Geben Sie etwas Brennessel hinzu, so wird Ihr Haar gleichzeitig vor Schuppen geschützt.

2 Eßlöffel (30 g) frische, gehackte Brennesseln
2 Eßlöffel (30 g) frische, gehackte Petersilie
Saft einer halben Zitrone
1/2 Liter destilliertes oder entmineralisiertes Wasser

Füllen Sie die Kräuter in ein Baumwollsäckchen. Bringen Sie den Zitronensaft und das Wasser in einem Topf zusammen mit dem Kräutersäckchen zum Kochen. Lassen Sie das Ganze 15 Minuten köcheln und dann 40 Minuten abkühlen. Nehmen Sie die Kräuter heraus – fertig ist die Haarspülung, die Sie nach dem Waschen auftragen können.

Von oben im Uhrzeigersinn: Brennesselseife (Rezept auf Seite 47) ist auch eine ideale Shampooseife, Petersilien- und Zitronenspülung, Ei- und Zitronen-Shampooseife.

Besondere Effekte

Wenn Sie einmal die Grundtechniken des Seifenkochens beherrschen, möchten Sie sicher mit dem Aussehen Ihrer Seife noch etwas experimentieren. Hier einige Ideen für den Anfang.

DEKORATIVE FORMEN: Es gibt viele hübsche Formen zu kaufen, die speziell für kleine Gästeseifen oder Süßigkeiten gedacht sind. Eine originelle Idee ist es, solche kleinen Seifenfiguren einfach auf rechteckige Seifenstücke aufzukleben. Lassen Sie dafür beide Seifenstücke trocknen, und kleben Sie diese anschließend mit angedickter, aber noch weicher Seife zusammen.

FORMSPRÜHEN: Angedickte Seife hat eine ähnliche Konsistenz wie Zuckerguß und kann deshalb problemlos durch eine Teigspritze gedrückt werden, um dekorative Kringel oder Blumen zu formen. Für diesen Zweck muß die Seife jedoch genau die richtige Konsistenz haben. Die größten Erfolge habe ich mit kleinen Mengen eingeschmolzener Seife erzielt. Ist die Seife etwas zu dickflüssig, geben Sie einige Tropfen Glycerin in die Masse. Aus frischen Seifenscheiben können Sie auch mit einem scharfen Messer dekorative Formen – etwa kleine Blätter, Fische oder Herzen – schneiden und diese dann mit etwas geschmolzener Seifenmasse auf ein ausgehärtetes Stück kleben. Mit derselben Methode können Sie auch Streifen, Punkte und Bogenmuster kreieren.

Geschichtete Seifen

GEPRESSTE BLÜTEN: Getrocknete und gepreßte Blüten sind ein hübscher Schmuck auf jeder Seife. Drücken Sie die Blütenköpfe wie gewünscht in die angefeuchtete Seife. Schmelzen Sie dann etwas weißes Kerzenwachs im Wasserbad, und pinseln Sie dieses über die Blüten. Natürlich wird dieser Schmuck irgendwann von der Seife abgewaschen, doch das Kerzenwachs hält ihn eine ganze Weile an seinem Platz.

MALEN MIT SCHABLONE: Mit Papier- und Plastikschablonen kann die Seife hübsch bemalt werden. Drücken Sie die Schablone fest auf eine ausgereifte, einfache Seife, und bemalen Sie die Seife mit kontrastierenden Seifenfarben.

MARMORIEREN: Diesen Effekt erzielen Sie, wenn Sie direkt in der Form zwei verschiedene Seifenfarben miteinander vermischen. So können Sie z.B. eine weiße Seife herstellen und die angedickte Masse teilen, bevor Sie unterschiedliche Farben zumischen. Oder Sie mischen zwei verschiedenfarbige Stücke beim Seifenrecycling. Welche Methode Sie auch wählen, gießen Sie zuerst Ihre Grundseife in die Form. Sprenkeln Sie dann verschiedenfarbige Linien auf die Oberfläche, und drücken Sie diese nun mit einer Gabel vorsichtig in das Seifenstück ein. Die typische Marmorzeichnung erhalten Sie, wenn Sie die Gabel anschließend über die Seifenoberfläche ziehen. Rühren Sie dabei aber keinesfalls zu stark um, denn dann vermischen sich die Farben vollständig.

Marmorierte Seifen

SCHICHTEN: Zu den einfachsten und wirkungsvollsten Dekorationstechniken gehört das Schichten verschiedenfarbiger Seifen in einem Stück. Diese Technik wurde schon bei der Cremigen Kokosseife und den Seifen mit Honig und Bienenwachs beschrieben, doch es gibt unzählige Variationsmöglichkeiten. Wenn Sie Seife kochen, gibt es immer einen Rest, weil die Form voll ist, und diesen können Sie wieder verwenden, um eine Schicht in einem besonderen Stück Seife herzustellen. Nehmen Sie eine kleine quadratische oder rechteckige Form, und gießen Sie jedesmal, wenn Sie eine farbige, transparente oder gemusterte Seife machen, aus den Resten eine neue Schicht hinein. Sie können auch eine rauhe Scheuerseite herstellen, indem Sie die Seife auf eine Bodenschicht aus Hafermehl oder Tapioka gießen. Oder Sie legen einen kleinen Luffa-Würfel in die Form. Gießen Sie die Seife darüber, und Sie haben Luffaschwamm und Seife in einem Stück.

STEMPELN: Bevor die Seife ganz ausgehärtet ist, können Sie mit einem Stempel beliebige Muster auf der Oberfläche Ihrer Seife stanzen. Geeignet sind Stempel aus Gummi, Holz, Leder oder Siegelwachs.

TUTTI FRUTTI: Sehr dekorative Seifen erhalten Sie auch, wenn Sie kleine Stücke farbiger Seifenreste in eine einfache weiße Seife einarbeiten. Kochen Sie dafür eine ungefärbte Seife, und streuen Sie nach dem Andicken zwei Tassen voll farbiger Seifenstückchen ein, die Sie zuvor in kleine Stücke oder Streifen geschnitten haben. Ist die Seifenmasse zu dünnflüssig, sinken die Stücke nach unten. Streuen Sie sie also nicht zu früh ein. Eine besondere Wirkung erzielen Sie mit farbigen, transparenten Stücken in rein weißer Seife.

Seifen verpacken

Beim Seifenkochen haben Sie Gelegenheit zu zeigen, wie kreativ Sie sein können. Nachdem Sie die fertige Seife in Form geschnitten und dekoriert haben, können Sie noch mit verschiedenen Verpackungstechniken experimentieren. Während des Reifeprozesses neigt Seife zum Schwitzen und schrumpft etwas zusammen, wenn die Feuchtigkeit verdampft. Lassen Sie Ihre Seife aus diesem Grund so lange wie möglich offen liegen, bevor sie in eine Verpackung eingewickelt wird. Halten Sie Ausschau nach interessanten Verpackungsutensilien, hübschen Verzierungen und Bändern. Der Phantasie sind hier kaum Grenzen gesetzt, und ich bin sicher, Sie werden bald viele neue und kreative Wege zum Verpacken Ihrer Seifen entdecken.

Blätter: Wenn die Seife nicht allzu lange verpackt bleiben muß, kann auch eine natürliche Verpackung aus Blättern sehr wirkungsvoll sein. Dafür sind besonders die Hüllblätter eines Maiskolbens geeignet. Diese können Sie mit Raffiabast oder alternativ mit einem biegsamen Pflanzenstengel, z.B. Geißblatt, befestigen.

Folie: Viele Seifenkocher verpacken Ihre Seife gern in Klarsichtfolie. Für diejenigen, die eher den »Natur-Look« bevorzugen, ist dies nicht so reizvoll. Es gibt jedoch einige gute Gründe, dies dennoch zu tun. Seifen, die noch nicht völlig ausgereift sind, ziehen unwillkürlich Staub an; die Klarsichtfolie ist hier ein sehr guter Schutz. Zudem bleibt durch die Folie das Aroma besser erhalten. Wenn Sie beabsichtigen, Ihre Seife in einem Geschäft zu verkaufen, bleibt sie in der Folie erheblich länger dekorativ als ohne – vorausgesetzt natürlich, es handelt sich nicht um einen allzu dogmatischen Bioladen. Umwickeln Sie die Seife am besten so, daß die Folienränder auf der Oberseite zusammentreffen. Dort können Sie die Ränder mit einem Klebeetikett befestigen, welches Ihr Logo und/oder eine Zutatenliste enthält. Mittlerweile gibt es mehrere Computerprogramme, mit denen Sie Ihre persönlichen Etiketten drucken können.

Körbe und Kästen: Geschenke werden häufig in kleinen Kästchen und Körben überreicht. Diese können dann auch wieder verwendet werden, für ein einzelnes Seifenstück oder eine kleine Seifenkollektion. Bewahren Sie Füllstoffe, z.B. Papierschnipsel oder Holzwolle, auf, um Ihre Seife in ein weiches »Nest« zu betten.

Muschelschalen: Diese erhalten Sie in manchen Fischgeschäften kostenlos (zumindest dann, wenn Sie auch Fisch dort kaufen). Muscheln sind interessante Seifenschalen, beispielsweise für Gästeseifen. Streuen Sie noch ein paar kleinere Muscheln und/oder Kieselsteine auf die Seife, und umwickeln Sie die Konstruktion mit Klarsichtfolie.

Musselin und Kattun: Beide Stoffe fühlen sich angenehm natürlich an, so daß auch Ihre Seife in dem weichen Stoff besonders sanft wirkt. Schneiden Sie die Stoffränder mit einer Zickzackschere. Binden Sie die Enden eines quadratischen Baumwolltuches im Zentrum eines runden Seifenstücks mit Raffiabast oder einem hübschen Dekoband zusammen. Nähen Sie ein Kattunsäckchen, indem Sie ein rechteckiges Stück oben und unten säumen, die Seiten

Mystikseife (Rezept siehe S. 66)

zusammennähen und Schnüre zum Zusammenziehen durch die beiden Saumnähte ziehen. Vielleicht möchten Sie auch noch auf der Vorderseite mit einem Gummistempel die Initialen des Empfängers Ihrer Seife aufdrucken oder auch festliche Grüße oder Geburtstagsglückwünsche.

Raffiabast: Wollen Sie Ihre Seife an Freunde verschenken, können Sie mit Ihrer Verpackung noch viel erfinderischer sein. Eines der billigsten und nützlichsten Verpackungsmaterialien ist Raffiabast. Damit können Sie Papier- oder Stoffverpackungen befestigen oder mehrere Seifenstücke zusammen verknoten und aufhängen. Farbiger Raffiabast sieht hübsch aus, doch die Farbe kann sich auf der Seife absetzen. Achten Sie deshalb darauf, daß die Seife fertig ausgereift ist.

Stoff und Papier: Kleine Seifenpäckchen können Sie auch herstellen, indem Sie die Seife in Stoff oder interessantes Papier wickeln. Oder flechten Sie einfach hübsche Bänder, an denen Sie die Seife aufhängen. Befestigen Sie diese Flechtbänder mit Klebeband oder einem Klebeetikett.

Wellpappe: Dies ist ein äußerst nützliches Verpackungsmaterial, welches den natürlichen Charakter Ihrer Seife unterstreicht. Schneiden Sie einen passenden Streifen Wellpappe aus, und umwickeln Sie damit den Rand einer scheibenförmigen Seife. Befestigen Sie die Pappe mit Raffiabast. So entsteht ein interessanter »Wagenrad-Look«. Diese Technik eignet sich auch besonders zur Verpackung großer, halbkreisförmiger Seifenstücke.

Wenn es Probleme gibt

Wie ich bereits sagte – das Seifenkochen ist keine präzise Kunst. So können Sie, auch wenn die Rezepte in diesem Buch sehr wohl ausprobiert und mehrmals getestet wurden, immer wieder Überraschungen erleben. In neun von zehn Fällen ist das fehlerhafte Messen der Zutaten der Grund für einen Mißerfolg. Dies geht ganz schnell, und daher sollten Sie diesem Teil des Seifenkochens immer Ihre ganze Aufmerksamkeit widmen. Die folgende Liste enthält einige andere, häufig auftretende Probleme und dazu Tips, wie Sie diese lösen können.

Ansetzen: Wenn es aussieht, als würde Ihre Seife im Topf ansetzen, so ist die Ursache dafür oft eine Reaktion, die durch alkoholhaltige Parfümöle oder ätherische Öle entsteht. Gießen (oder löffeln) Sie die Seife sofort in die Form, und versuchen Sie, die Oberfläche möglichst zu glätten. Ihre Seife sollte ohne weiteres nutzbar sein, auch wenn das Aussehen etwas leidet.

Festkleben in der Form: Wenn sich die Seife nicht aus der Form lösen läßt, sollte sie eine Stunde in die Gefriertruhe gelegt werden. Dann können Sie es erneut versuchen.

Fleckige Seife: Nach meiner Erfahrung wird die Seife häufig fleckig, wenn sie sehr viel Rindertalg enthält. Manche mögen diesen Effekt, andere nicht – in jedem Fall ist dies nur eine Äußerlichkeit. Die Seife selbst ist einwandfrei.

Gerinnen: Wenn Sie jemals saure Milch in Ihren Kaffee gegossen haben, wissen Sie gut, wie geronnene Milch aussieht. Dies geschieht bei Seifen, die Milch enthalten, relativ häufig. Allerdings läßt sich die geronnene Masse leicht wieder cremig rühren. Am besten gelingt das mit einem elektrischen Handmixer. Gießen Sie diese Seife dann schnell in die Formen, da die Masse schon bald andickt. Manchmal gerinnt die Seifenmasse auch dann, wenn Fett und Natronlauge bei sehr hohen Temperaturen vermischt werden.

Kleine Bläschen: Hier handelt es sich um Flüssigkeitsbläschen, die in der harten Seife eingeschlossen sind. Sie haben entweder zuviel Natronlauge verwendet oder nicht richtig gerührt. Da die Flüssigkeit ätzend ist, können Sie die Seife nicht benutzen.

Kleine weisse Stückchen in der Seife: Auch diese werden durch zuviel Natronlauge oder ungenügendes Rühren verursacht. Die weißen Stücke sind ätzend, so daß Sie die Seife wegwerfen müssen.

Krümelige Seife: Ursache hierfür ist meist zuwenig Wasser. Die fertige Seife läßt sich dann kaum schneiden ohne zu brechen und kann auch sehr rauh sein.
Sie können die Seife nur wieder einschmelzen (siehe S. 18) oder fein geraspelt als Waschmittel für Handwäsche verwenden.

Seife dickt nicht an: Manche Seifen brauchen Stunden, bevor sie richtig angedickt sind. Wenn Sie ganz sicher sind, daß Sie Ihre Zutaten richtig ausgewogen haben, machen Sie sich darüber keine Sorgen. Lassen Sie ihr einfach Zeit. Rühren Sie oft um, und gießen Sie die Seife dann in die Form. Irgendwann wird auch sie andicken.

Seifenstaub: Auf der Seifenoberfläche bildet sich oft ein weißer Staub, die sogenannte Sodaasche. Das ist eine ganz harmlose Erscheinung. Kratzen oder waschen Sie den Staub einfach ab, bevor Sie die Seife verpacken. Sie können dieses Problem verringern, indem Sie die Seife direkt nach dem Eingießen in die Form mit Folie oder Wachspapier bedecken.

Separierung: Dieses Problem zeigt sich, sobald Sie die Seife in die Form gegossen haben: Auf der Masse setzt sich eine deutliche Schicht aus Öl oder Fett ab. Ist die Fettschicht nur dünn, besteht sie wahrscheinlich nur aus den ätherischen Ölen und wird während des Trocknens reabsorbiert. Eine dicke Fettschicht ist jedoch ein Zeichen dafür, daß die Seife ätzend und damit nicht benutzbar ist. Die Ursache ist wahrscheinlich ein Überschuß an Natronlauge.

Weiche Seife: Wenn die Seife auch nach mehreren Tagen nicht fest wird, enthält sie entweder zuviel Wasser, so daß das Trocknen verzögert wird, oder es fehlt an Natronlauge. Lassen Sie die Seife in der Form – wenn Sie schließlich doch noch trocknet, kann sie auch benutzt werden.

Bezugs-quellen

* Fa. COLIMEX-Zentrale,
50996 Köln, Ringstr. 46,
Tel.: (02 21) 35 20 72.

COLIMEX-AUSLIEFERUNGSLÄDEN:
52062 Aachen, Peterstr. 10,
Tel.: (02 41) 3 03 27;
63739 Aschaffenburg,
Steingasse 37,
Tel.: (0 60 21) 2 64 64;
53474 Bad Neuenahr,
Kurgartenstr. 10,
Tel.: (0 26 41) 20 00 51;
95444 Bayreuth, Maxstr. 16,
Tel.: (09 21) 6 57 67;
51465 Bergisch Gladbach,
Richard-Zanders-Str./
Refrather Weg,
Tel.: (0 22 02) 4 31 03;
53111 Bonn, Brüdergasse 4,
Tel.: (02 28) 65 96 98;
50321 Brühl, Mühlenstr. 37,
Tel.: (0 22 32) 4 75 50;
41812 Erkelenz,
P.-Rüttchen-Straße,
Tel.: (0 24 31) 8 10 71;
50226 Frechen,
Hauptstr. 99 – 103;
51643 Gummersbach,
Wilhelmstr. 7,
Tel.: (0 22 61) 6 47 84;
50354 Hürth, Theresienhöhe,
Tel.: (0 22 33) 70 85 38;
52428 Jülich, Am Markt 2,
Tel.: (0 24 61) 25 80;
50171 Kerpen,
Philipp-Schneider-Str. 2 – 6;
50667 Köln, Brüderstr. 7,
Tel.: (02 21) 2 58 08 62;
50858 Köln,
Aachener Str. 1253,
Tel.: (0 22 34) 70 92 66;
47798 Krefeld, Ostwall 146,
Tel.: (0 21 51) 61 56 48;
53797 Lohmar,
Breitersteegsmühle 1,
Tel.: (0 22 46) 42 45; 32312
Lübbecke, Lange Str. 1,
Tel.: (0 57 41) 77 07;
48529 Nordhorn,
Hauptstr. 47,
Tel.: (0 59 21) 72 10 72;
57462 Olpe, Bruchstr. 13,
Tel.: (0 27 61) 51 90;
33102 Paderborn,
Bahnhofstr. 18,
Tel.: (0 52 51) 10 52 13;
94082 Passau,
Am Schanzl 10,
Tel.: (09 51) 3 33 77;
42853 Remscheid,
Alleestr. 74,
Tel.: (0 21 91) 92 79 63;
53721 Siegburg,
Am Brauhof 4,
Tel.: (0 22 41) 59 11 60;
42105 Wuppertal,
Karlsplatz 3,
Tel.: (02 02) 44 39 88.

* DUFT & SCHÖNHEIT,
80331München,
Sendlinger Str. 55,
Tel.: (0 89) 2 60 82 59

* Fa. Kräuter FISCHER,
33378 Rheda-Wiedenbrück,
Markt 3,
Tel.: (0 52 42) 5 59 58

* INATURA Kosmetik zum Selbermachen,
42551 Velbert,
Friedrichstr. 303,
Tel.: (0 20 51) 2 33 55

THE PIGMENT LADY,
Lori Schenkelberg,
PO Box 194,
Old Saybrook CT 06475

Die mit * gekennzeichneten Firmen betreiben auch Versandhandel.

Aus Platzgründen kann nur eine kleine Auswahl von Firmen genannt werden. Einige Substanzen erhalten Sie auch in Drogerien und Apotheken.

Weiter-führende Literatur

Fallor, C.: Transparent Soap-making. Rose City Press. ISBN 0965639002.

Krahl, G. und Szabo, M.: Tausendschön. Die großen Rezepte und die kleinen Geheimnisse der Kosmetik zum Selbermachen. Wunderlich im Rowohlt-Verlag, Reinbek 1995.

Pütz, J. und Niklas, C.: Cremes und sanfte Seifen. Kosmetik zum Selbermachen. Natürlich und gesund. VGS Verlagsgesellschaft, Köln 1996.

Rechsteiner, A.: Kosmetik-Rezeptbuch. Cremes und Seifen selbermachen. Fischer-Media-Verlag, 1995.

im Internet

http://www.sojourn.com/http://www.sojourn.com/ -rainbow
Melody Upham aus Rainbow Meadow verwaltet eine Liste privater Seifenkocher und liefert zudem viele Zutaten, die Sie per Kreditkarte beziehen können. Wenn Sie in die Seifenkocher-Liste aufgenommen werden möchten, schicken sie eine e-mail mit dem Stichwort »Seife« an Majordomo@User-Home.com.

http://www.mindspring.com/ – sugrplum
Seifenzutaten, Software und chat room.

http://nwselp.epcc.edu/elp/tempconv.htmi
Temperaturumrechnung (von °C in °F und von °F in °C)

http://www.xmision.com:80/-mmtnsage/
Online Natronlauge-Berechnung und chat room.

lott@nfx.net
Senden Sie eine e-mail an Teresa Lott, und bitten Sie um eine Kopie ihres hervorragenden und zugleich kostenlosen Natronlauge-Berechnungsprogramms, das mit verschiedenen gängigen Computerprogrammen läuft.

http://www.sweetcakes.com
Diese Adresse führt Sie zu Linda Jine. Dort finden Sie eine Liste ihrer wunderbaren Parfümöle, die Sie per Kreditkarte beziehen können.

smeherbs@cwla.com
Kathy Sedler von »Mother Earth Herbs« bietet eine exzellente Auswahl verschiedener Kräuter und Seifenutensilien, wie etwa eine Seifenform aus Holz. Auch ihr newsletter ist sehr informativ.

http://members.aol.com/pigmntlady/indx.htm
Die »Pigment Lady« bietet nützliche Informationen und Preislisten für Kosmetik-farben.

Register